EPC 工程总承包管理实务

宋璟毅　著

中国建筑工业出版社

图书在版编目（CIP）数据

EPC工程总承包管理实务 / 宋璟毅著 . — 北京 : 中国建筑工业出版社 , 2024.2
ISBN 978-7-112-29544-9

Ⅰ.①E… Ⅱ.①宋… Ⅲ.①建筑工程–承包工程–工程管理–研究 Ⅳ.①TU71

中国国家版本馆CIP数据核字（2023）第253824号

责任编辑：王晓迪
责任校对：姜小莲

EPC工程总承包管理实务
宋璟毅 著
*
中国建筑工业出版社出版、发行（北京海淀三里河路9号）
各地新华书店、建筑书店经销
北京光大印艺文化发展有限公司制版
北京同文印刷有限责任公司印刷
*
开本：787毫米×1092毫米 1/16 印张：12 插页：4 字数：221千字
2024年2月第一版 2024年2月第一次印刷
定价：48.00元
ISBN 978-7-112-29544-9
（42138）

前　言

随着“一带一路”倡议的提出和国家相关部委及地方政府对建筑业高质量发展的持续改革，推行EPC工程总承包模式是国家推动建筑业供给侧改革的一个着力点，也是建筑企业发展的机遇与挑战。EPC模式能够将施工、采购等要素融入设计图纸，发挥EPC工程融合管理优势，市场上越来越多的建设单位倾向采取EPC模式，EPC逐渐成为建设市场主流模式之一。

EPC模式是对工程建设项目的设计、采购、施工等实行全过程或若干阶段的承包，要实现“交钥匙”工程，关键在于发挥“设计管理、前期管理、工程管理、成本管理”的联动作用。当前，以施工单位牵头的EPC项目管理普遍存在“中间强、两头弱”的现象，“中间强”是指进度、质量、安全等在管理上比较成熟，“两头弱”指的是在设计管理和成本管理方面还存在不少短板和弱项。工程总承包商要树立以设计管理为核心、工程管理为基础、成本管理为主线的意识和思维，对于如何从施工总承包商向工程总承包商转型升级，本书有以下四个方面的思考：

一是管理人员要加快转变思想认识。总部管理人员和项目部管理人员从施工总承包商向工程总承包服务商转变，关键在于认清EPC工程和施工总承包工程的区别，在项目建设过程中要与业主、勘察设计单位、监理单位、分包单位及供应商充分沟通，了解其管理要求，将参建各方管理目标落实到整个项目的建设过程中，全面推动项目按照既定的目标完成工程建设。

二是发挥融合管理优势，挖潜设计管理能力。施工总承包商前端的设计管理和后端的成本管理比较弱，EPC项目管理过程中要遵循设计为前端、优化是关键、成本为主线的原则。工程总承包商要深入参与设计过程尤其是专项设计和深化设计，与设计单位协同推进设计工作，将施工经验融入设计图纸，将便于现场施工及降低成本的做法与设计方案结合，在稳步提升工程质量的同时控制成本。

三是夯实限额设计，控制工程投资。与施工总承包项目不同的是，EPC 项目承包方可以对设计进行优化，这是总承包单位拥有的主动权，EPC 项目创效机制就是利用总承包单位的主动权做好限额设计，从工程前端控制项目投资。树立“设计主导”的理念，设计方案的选择要考虑工期、成本、技术的影响，把投资控制的主要工作落实在设计阶段。

四是强化风险管理，在建设过程中化解项目风险。EPC 项目与施工总承包项目相比，不仅要承担工期、质量、安全等风险，还要承担合同履约、工程投资等风险。在项目建设过程中，要以实现项目全生命周期管理目标为己任，将保障工程履约、控制工程投资、提升工程质量作为第一要务，借助各方力量化解工程建设风险，为工程建设和使用增值。

工程总承包商应持续强化顶层设计、优化组织结构、提高服务能力，严抓工程前端设计、造价及报批报建等重点事项，落实工程投资、进度、安全和质量等管控目标，为项目建设和使用增值。

目 录

第1章

EPC模式概述

工程总承包建设模式起源于20世纪60年代的欧洲，最初是为了解决传统建设模式中设计与施工相互分离的弊端而进行的工程建设管理模式改革[1]，其因独特的管理方式被西方国家广泛应用并在国际项目中取得了良好效果，因此我国也开始着手研究EPC建设模式。

依据2016年5月发布的《住房城乡建设部关于进一步推进工程总承包发展的若干意见》，可将工程总承包模式划分为设计—采购—施工（EPC）总承包以及设计—施工（DB）总承包，但目前国内所说的工程总承包一般指的是EPC工程总承包。相较于西方国家，我国的EPC模式起步较晚，直到20世纪70年代末，该模式的相关理念引入国内，先后经历了理论探索阶段、试点应用阶段、规范管理阶段，才进入全面发展阶段。与传统建设模式相比，EPC模式与多元化的市场更加契合，更能适应当下建筑行业发展，EPC模式正逐渐成为工程建设市场主流管理模式之一[2]。我国的EPC模式随着相应法律法规的制定，在一系列政策的扶持下逐渐趋于完善，国内工程总承包企业逐步走向国际市场。

1.1 EPC模式简介

EPC，即设计（engineering）—采购（procurement）—施工（construction）模式，指的是建设单位将建设工程发包给总承包单位，总承包单位依据合同约定对项目的设计、采购、施工等方面实行全阶段或部分阶段的承包，总承包单位需对所承包项目的工程质量、安全、进度、造价等实行全面管控，向建设单位交付满足使用功能且验收合格的工程建设模式[3]。

EPC模式可根据工程项目的不同规模、类型以及建设单位需求采用设计—采购—施工（E-P-C）总承包、设计—采购—施工管理（E-P-CM）总承包、

设计—采购—施工监理（E-P-CS）总承包、设计—采购（E-P）总承包以及采购—施工（P-C）等总承包形式[4]。多种承包方式也使得 EPC 模式备受关注。相较于传统模式，EPC 模式还可通过专业分包商以及标准化的过程控制实现高效率建设、减少中间环节、降低建造成本等。EPC 模式相当于“交钥匙”工程，降低了建设单位的管理风险及费用，从资源整合、安全、进度和质量等方面来看，EPC 模式具有更好的应用前景。EPC 模式下的项目管理能够高效地进行资源整合，实现设计与施工的深度融合并最大限度地发挥管理优势，有效避免设计单位与施工单位相互推诿，进而提高建设效率。通常，EPC 工程总承包模式采用固定总价、固定单价、“成本 + 酬金”等几种合同计价方式，以设计为主导，加强设计、采购、施工的协调管理并做出合理的优化，以项目管理为核心降低成本，提高项目的综合收益。

1.2 EPC 模式的发展历程

1.2.1 EPC 模式在境外的发展

工程总承包模式的理念核心是设计与施工融合，西方发达国家较早将工程总承包建设模式应用到实际项目当中并产生了不错的反响，美国便是应用工程总承包模式的典型代表。美国早期将设计—建造（DB）模式成功地应用到一个学校项目，在图纸不完备的情况下顺利完成了建造任务并且取得了较大的社会效益，周边地区也相继效仿，越来越多的项目开始实行 DB 模式。

20 世纪 70 年代，美国开始深入研究 DB 模式，到 20 世纪八九十年代，建设工程项目化管理因市场需求逐渐占据建设市场主导地位。在这种竞争激烈的环境下，一些观念超前的企业开始追求精细化管理、多元化发展以及高效的建设项目管理模式，产生了一批专业从事项目管理的企业[5]。与此同时，美国建筑师协会（AIA）基于市场需求以及过往经验，于 1985 年发布 DB 合同文件，该合同文件于 1996 年再次修订完善。1993 年，美国成立了美国统包协会（DBIA），该协会致力于推广 DB 模式，并研究 DB 模式的应用与发展。

因不同国家存在经济文化差异，DB 模式在推广和应用过程中不断完善，于是 EPC 模式应运而生。相较于 DB 模式，EPC 模式不仅能够实现设计与施工融合，而且更强调了采购环节在建设过程中的重要性，可以说 EPC 模式是 DB 模式的一种延伸。1999 年，基于 EPC 模式的发展，国际咨询工程师联合会（FIDIC）专门编制了用于该模式的合同范本——“设计采购施工（EPC）/ 交钥匙工程合同条件”[6]。由于合同范本的制定，EPC 模式逐渐在世界各地推广开来。2004 年，《国际建设智能化》杂志发表的一篇关于 EPC 模式在 22 个国家的发展现状与发展趋势的报告显示，EPC 模式在英、法、美等工业化国家被广泛应用，尤其在私营项目中，整体采用率逐年增长[7-8]。2008 年，国际建筑协会（WACF）于加拿大成立，这一举措为建筑工程总承包的研究与发展提供了良好的平台，也为完善 EPC 模式创造了更好的条件[9]。据统计，2010 年美国 EPC 建筑市场的份额占比 40%，其中军事领域建设占据了大部分 EPC 市场[10]。

EPC 模式的推广也伴随着相应的管理问题，诸多学者开始对 EPC 模式项目管理体系、设计管理制度、风险分析、发展机制、应用前景以及采购管理等多个方面进行研究。基于此，FIDIC 于 2017 年又发行了“建设项目管理规范与合同范本”，该范本被许多国家认可并应用于工程项目建设中[11]。相比之前的合同文本（1999 年版），该范本对财务、竣工时间、利润等相关方面的内容做了更详细的规定。这一举措再一次推进了 EPC 模式的发展，使 EPC 模式逐步走向世界。

1.2.2 EPC 模式在我国的发展

1.2.2.1 EPC 理论与实践前期探索阶段（20 世纪 70 年代末至 1982 年）

这一时期，我国的建设事业还处于创建阶段，建筑行业的发展才刚刚起步，相应的建设模式体系不完备，早期占据我国建设市场主流的依旧是传统的施工总承包模式。直到 1978 年国家实行改革开放政策，经济建设推动建筑行业的发展，EPC 模式建设理念也随之被国内工程行业所熟知。

社会经济的发展使得国家对建设事业的需求更高，传统的建设模式相对单一且已无法满足追求多元化发展的市场，我国需要一个更完善的项目建设管理体系以追求更高的效益。由于国际项目广泛采用 EPC 管理模式且 EPC 模式在设计、施工以及成本管控方面展现出了优势，国内的众多建筑企业开始接触并了解 EPC 模式。直到 20 世纪 80 年代初，我国开始推行工程总承包并加大工程建设管理力度，对 EPC 模式的研究也就此拉开序幕。

1.2.2.2 EPC 试点应用及推广阶段（1982—1992 年）

随着改革开放的持续深入，我国相继开放了 14 个港口城市，经济建设需求日益增大，相应地也引入了更多的西方 EPC 模式建设理念，与此同时，传统建设模式的弊端也因社会经济的发展而逐渐显现出来，如超支严重、项目各主体单位沟通障碍、信息不对称、管理水平低等[12]。鉴于此，国家开始加深对 EPC 模式的研究。

由于 EPC 模式起源于欧美国家，很多建设理念与我国的实际情况不相符，EPC 模式的引入以及在我国的正式推行还有待研究。1982 年，化工部基于国内外工程建设体系并结合实际情况，制定了《关于改革现行基本建设管理体制，实行以设计为主的工程总承包制的意见》，同年作为试点项目的四川乐山化工厂联碱工程以及江西氨厂尿素工程成功控制了工程进度，在安全、质量、成本方面均得到了管控，取得了良好的效果。1984 年 9 月，颁布了《国务院关于改革建筑业和基本建设管理体制若干问题的暂行规定》（国发〔1984〕123 号），明确指出“各部门、各地区都要组建若干个具有法人地位、独立经营、自负盈亏的工程总承包公司，并使之逐步成为组织项目建设的主要形式”。至此，EPC 模式试行工作在化工行业逐渐展开，我国对 EPC 总承包模式的全面探索正式开始，同时开启了对传统建设模式的改革之路。

为更好地贯彻落实《国务院关于改革建筑业和基本建设管理体制若干问题的暂行规定》，1984 年 11 月 5 日发布《国家计委、城乡建设环境保护部联合发出关于印发〈工程承包公司暂行办法〉的通知》（计设〔1984〕2301 号），该办法对公司的组建、形式以及主要任务等做出了详细的叙述，为做好工程总承包公司的工作提供了参考，且该办法指出工程总承包可从不同方面进行承包以及针对不同工程情况进行调整，有利于项目工程管理，提高建设效率。同年 11 月 10 日发布《国务院批转国家计委关于工程设计改革的几点意见的通知》（国发〔1984〕157 号），指出承包公司可以从项目的可行性研究开始直到建成试车投产的建设过程实行总承包，也可以实行单项承包，为工程总承包进一步发展奠定了基础。

1987 年 4 月 20 日发布《国家计委、财政部、中国人民建设银行、国家物资局关于设计单位进行工程建设总承包试点有关问题的通知》（计设〔1987〕619 号），并公布了 12 家总承包试点单位。1989 年 4 月 1 日发布《建设部、国家计委、财政部、中国人民建设银行、国家物资局联合发布关于扩大设计单位进行工程总承包试点及有关问题的补充通知》（〔89〕建设字第 122 号），要求各部门、各地区都要扩大工程总承包试点范围。

我国所采取的改革措施取得了一定的成效，发展了一批以实现工程总承包为宗旨的企业，并已开拓了国内外的市场。1992 年 4 月 3 日，为进一步促进工程总承包建设行业发展，扩大工程总承包企业队伍，建设部印发《工程总承包企业资质管理暂行规定》（建施字第 189 号），但该规定仅适用于部分企业且并未包括以设计为主体的工程设计公司。同年 11 月，建设部发布《关于印发〈设计单位进行工程总承包资料管理有关规定〉的通知》（建设〔1992〕805 号），该规定明确了设计单位实行工程总承包的资质以及申请工程总承包资格证书所需具备的条件，500 多家设计单位拥有了甲级资格证书，2000 多家设计单位拥有了乙级资格证书，使得多种企业均可进行工程总承包，促进了 EPC 模式发展，也成为各企业开展 EPC 工作的重要依据。

1997 年 11 月 1 日，《中华人民共和国建筑法》（中华人民共和国主席令第 91 号）于第八届全国人民代表大会常务委员会第二十八次会议通过，自 1998 年 3 月 1 日起施行。《中华人民共和国建筑法》第二十四条规定“提倡对建筑工程实行总承包，禁止将建筑工程肢解发包”。

1999 年，随着《设计采购施工（EPC）/ 交钥匙工程合同条件》银皮书的发行，我国的 EPC 项目开始逐步走向世界。1999 年 8 月 26 日发布《建设部印发〈关于推进大型设计单位创建国际型工程公司的指导意见〉的通知》（建设〔1999〕218 号），该指导意见说明了我国国际工程公司所应具备的基本条件以及基本特征，调整了我国工程总承包企业的发展方向。我国建设体系正逐步接近当下所讨论的工程总承包建设模式体系。

2002 年发布的《国务院关于取消第一批行政审批项目的决定》（国发〔2002〕24 号）的第 239 项内容，取消了“工程总承包资格核准”。这一举措使得有意愿发展 EPC 业务的设计、施工企业不再受市场准入的限制，进一步扩大了对 EPC 模式发展的探索，为 EPC 管理经验积累和行业规范制定奠定了基础。

1.2.2.3 EPC 规范管理的发展阶段（2002—2016 年）

随着国内工程总承包的推广，EPC 模式的发展进入了新阶段，我国在此阶段主要通过发布相应指导意见、管理办法等措施来进一步规范 EPC 模式，促进我国 EPC 模式在国际市场的发展。

2003 年 2 月 13 日，建设部发布《关于培育发展工程总承包和工程项目管理企业的指导意见》（建市〔2003〕30 号），首次以部级文件对 EPC 工程总承包进行了规范定义，并指出了推行工程总承包和工程项目管理的重要性与必要性。

为促进我国建设工程项目管理发展，建设部于 2004 年 11 月 16 日发布《关于印发〈建设工程项目管理试行办法〉的通知》（建市〔2004〕200 号）。为进一步提高工程总承包的管理水平，建设部于 2005 年 5 月 9 日发布《建设项目工程总承包管理规范》GB/T 50358—2005，于 2005 年 8 月 1 日起实施；同年 7 月 12 日印发《关于加快建筑业改革与发展的若干意见》（建质〔2005〕119 号），并指出要“大力推行工程总承包建设方式”。

由于工程总承包管理规范的建立，国内各地也纷纷修订或出台相应的 EPC 规范、规章以及规范性文件，同时辅以相应政策来进行扶持，EPC 模式管理体系愈发健全。直到 2011 年，为进一步促进 EPC 项目的健康发展，住房和城乡建设部、国家工商行政管理总局于 9 月 7 日发布了《关于印发〈建设项目工程总承包合同示范文本（试行）〉的通知》（建市〔2011〕139 号），自 2011 年 11 月 1 日开始试行《建设项目工程总承包合同示范文本（试行）》（GF-2011-0216），该合同范本对合同双方的权利与义务进行了明确定义，为我国工程总承包合同管理与招标工作奠定了规范基础。

2013 年 9 月和 10 月，“一带一路”构想的提出推动中国与沿线多个国家建立合作关系并追求共同发展，在“一带一路”倡议之下，我国对外承包工程合同额超 5000 亿美元，有效地促进了各方基础建设水平的发展，也使得中国的 EPC 总承包模式走向世界。

2014 年 7 月 1 日发布《住房和城乡建设部关于推进建筑业发展和改革的若干意见》（建市〔2014〕92 号），意见第十九条指出：“加大工程总承包推行力度。倡导工程建设项目采用工程总承包模式，鼓励有实力的工程设计和施工企业开展工程总承包业务。”该意见推动建筑行业朝着现代化管理迈进了一步，对建筑行业工程管理模式的改革具有重要意义。

1.2.2.4 EPC 全面发展阶段（2016 年至今）

经过 2003—2016 年十余年的沉淀，我国的 EPC 模式得到了良好的发展，国内外的 EPC 项目也取得了一定的成果，EPC 模式可以节约投资和提高效率等优点已成为业界共识，国家也越发重视 EPC 模式的推广[13]。上到国家，下至基层，相继发布工程总承包规范及相应政策来促进 EPC 模式的发展。

2016 年 2 月 6 日，《中共中央、国务院关于进一步加强城市规划建设管理工作的若干意见》（中发〔2016〕6 号）第九点指出："深化建设项目组织实施方式改革，推广工程总承包制，加强建筑市场监管，严厉查处转包和违法分包等行为，推进建筑市场诚信体系建设。" 2016 年 5 月 20 日发布《住房城乡建设部关于进一步推进工程总承包发展的若干意见》（建市〔2016〕93 号），要求"大力推进工程总承包"，建设单位应"优先采用工程总承包模式"，政府投资项目以及装配式建筑应"积极采用工程总承包模式"。同年 7 月 6 日，住房和城乡建设部又印发了《住房城乡建设事业"十三五"规划纲要》，指出要"大力推行工程总承包,促进设计、采购、施工等各阶段的深度融合,提高工程建设效率和水平"。此后全国各地陆续发文并大力推广 EPC 模式，我国 EPC 逐渐进入全面发展阶段。

2017 年 2 月 21 日发布《国务院办公厅关于促进建筑业持续健康发展的意见》（国办发〔2017〕19 号），提出"加快推行工程总承包"，指出我国"建筑业仍然大而不强"，管理机制不完备，工程组织方式比较落后等，提倡推行工程总承包并加强工程质量安全管理等。同年 4 月，发布《住房城乡建设部关于印发建筑业发展"十三五"规划的通知》（建市〔2017〕98 号），规划指出要"形成一批以开发建设一体化、全过程工程咨询服务、工程总承包为业务主体、技术管理领先的龙头企业"，强调"发展行业的融资建设、工程总承包、施工总承包管理能力，培育一批具有先进管理技术和国际竞争力的总承包企业"。同年 5 月 4 日，住房和城乡建设部又发布国家标准《建设项目工程总承包管理规范》GB/T 50358—2017。2017 年 12 月 26 日，住房和城乡建设部建筑市场监管司印发《关于征求房屋建筑和市政基础设施项目工程总承包管理办法（征求意见稿）意见的函》（建市设函〔2017〕65 号），为进一步完善 EPC 模式提供了帮助。

2019 年 12 月 23 日，发布《住房和城乡建设部、国家发展改革委关于印发房屋建筑和市政基础设施项目工程总承包管理办法的通知》（建市规〔2019〕12 号），办法自 2020 年 3 月 1 日起施行。

2020 年 5 月 28 日，住房和城乡建设部建筑市场监管司《关于征求建设项目工程总承包合同示范文本（征求意见稿）意见的函》（建司局函市〔2020〕119 号），对《建设项目工程总承包合同示范文本（试行）》（GF-2011-0216）进行了修订。相对于 2011 版合同，新版合同文件针对项目精准化定义、项目风险以及管理强化等内容进行了更全面的补充和完善。该示范文本最终由住房和城乡建设部和国家市场监管总局于 2020 年 12 月正式联合制定印发，于 2021 年 1 月 1 日起施行。

随着国务院、住房和城乡建设部的一系列规范、规章的发布以及相应政策的出台，全国各地也加强了对 EPC 模式的推广，并结合当地实际情况相继发布了一系列规范、章程以及相应的扶持政策，EPC 模式得以全面推广。根据住房和城乡建设部公开发布的全国工程勘察设计统计公报数据，从 2014 年到 2022 年，全国工程勘察设计企业营业收入不断增加，其中工程总承包的营业收入也在不断提高，详细数据如图 1-1 所示。

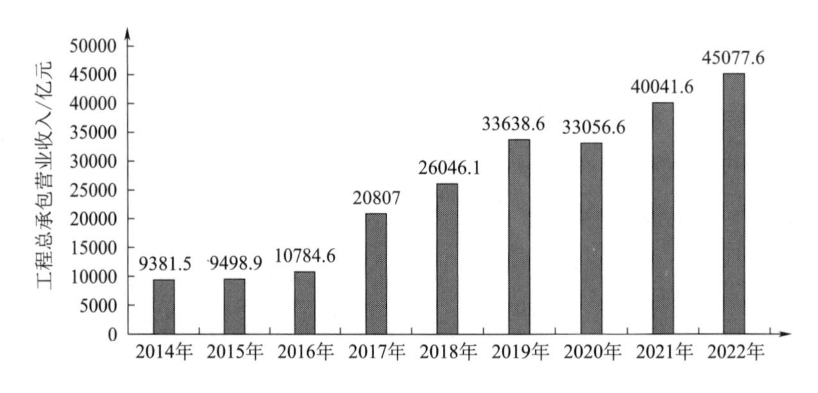

图 1-1　2014—2020 年工程总承包营业收入

图 1-1 中数据表明我国 EPC 模式已得到飞速发展，营业收入的不断增长也表明了我国对 EPC 模式的推广力度，目前在“一带一路”倡议下，我国 EPC 事业逐步走向世界，工程总承包呈现加速推进的趋势，结合市场、国家政策的共同作用，EPC 模式正逐步成为我国当下工程建设的主流模式。

1.2.3　EPC 在我国的法律、法规依据

我国的 EPC 模式从引进之初发展到当下，已经建立了一定的理论管理体系，在此期间的推广及发展得益于国家法律、法规的支持，也正因相关法律、法规的制定，EPC 模式的推广、实施才能有所依据，有所保障。

1997 年 11 月 1 日，第八届全国人民代表大会常务委员会第二十八次会议通过了《中华人民共和国建筑法》。建筑法第二十四条规定：“提倡对建筑工程实行总承包，禁止将建筑工程肢解发包。建筑工程的发包单位可以将建筑工程的勘察、设计、施工、设备采购一并发包给一个工程总承包单位，也可以将建筑工程勘察、设计、施工、设备采购的一项或者多项发包给一个工程总承包单位；但是，不得将应当由一个承包单位完成的建筑工程肢解成若干部分发包给几个承包单

位。”这是工程总承包在我国首次获得法律地位，2011 年 4 月 22 日及 2019 年 4 月 23 日分别对建筑法进行了修订，但修订的内容均未对提倡施行工程总承包模式进行更改，由此可见我国一直重视 EPC 模式的发展。

1999 年 8 月 30 日，第九届全国人民代表大会常务委员会通过了《中华人民共和国招标投标法》，于 2000 年 1 月 1 日起施行。2017 年 12 月 27 日，根据第十二届全国人民代表大会常务委员会第三十一次会议关于修改《中华人民共和国投标招标法》的决定对该法进行了修正，形成新版《中华人民共和国投标招标法》（中华人民共和国主席令第 86 号）。

自 1997 年发布《中华人民共和国建筑法》后，国务院根据建筑法制定了《建设工程质量管理条例》，于 2000 年 1 月 10 日第 25 次常务会议上予以通过，2000 年 1 月 30 日发布并施行。该条例旨在“加强对建设工程质量的管理，保证建设工程质量，保护人民生命和财产安全”，对建设工程的勘察、设计、施工、监理等均进行了相关的规定，有助于规范工程建设，对 EPC 模式的发展具有一定的帮助。2017 年 10 月 7 日及 2019 年 4 月 23 日对该条例进行了修订和完善。

2003 年 11 月 12 日，国务院第 28 次常务会议通过了《建设工程安全生产管理条例》，2003 年 11 月 24 日发布并于 2004 年 2 月 1 日起施行。该条例对工程建设的安全管理问题做出了具体规定，对工程总承包的安全生产管理起到了规范作用。

由于国家相关法律、法规的发布以及相应政策的扶持，我国部分地区也出台了相应的地方性法规来保障 EPC 模式的施行。如 2004 年 8 月 20 日，江苏省分别发布了《江苏省工程建设管理条例》（修正版）和《江苏省建筑市场管理条例》，结合江苏省实际，分别对工程建设的程序、发包与承包、合同、法律责任等内容进行了规定。2010 年 7 月 29 日，厦门市发布《厦门市经济特区建筑条例》（修正版），对工程建设的从业资质、发承包、勘察设计、工程造价等内容进行了规定，要求对从事工程总承包、工程勘察、工程施工等企业“实行资质审查制度”，加强对建设行业的管理与监督。2019 年 7 月 25 日，河北省公布了《河北省建筑条例》（修正版），对工程建设的承发包，安全、质量、造价、监理、法律责任等内容进行了具体规定。

相关法律、法规的出台使 EPC 市场也得到了相应的规范化管理，但目前 EPC 模式依旧缺少高位阶法律作为实施依据，多数法规仅仅是由地方发布，出台的政策也多是部门层级。推行工程总承包的工作虽然一直在进行，《中华人民共和国建筑法》也予以提倡，但依旧缺少施行的具体规定，目前建设单位与总承包商之间仅靠一份合同作为纽带，而《房屋建筑和市政基础设施项目工程总承包管理办法》的适用范围仅仅是部分项目，对 EPC 模式的适用范围还远远不够[14]。

综上，对于国家而言，EPC 模式的发展还需更多的法律、法规作为其实施依据，同时应加强对 EPC 模式的外部监督，实行规范化管理。于企业而言，应注重提升企业实力，结合国家法律、法规，规范工程管理体系，加强商务管理能力建设，注重国际市场 EPC 业务开拓，追求更高发展。

1.3 EPC 模式适用范围

1.3.1 EPC 模式适用范围及规范说明

关于 EPC 模式的适用范围，FIDIC 通过官网发布的相关配图对其进行了具体阐述[15]。在承建工厂及类似设施、基础设施项目时，建设单位对承包单位在设计及施工责任方面有更高的要求甚至希望承包单位能够承担全部设计与施工责任，同时满足以下 4 个条件：①成本管控及项目履约一直是项目建设的关键，得到确定性保证是建设单位一直所关注的；②项目建设无监理方参与，即建设单位期望项目由合同双方完成；③项目建设的日常工作由承包商全权负责，由承包商交付满足建设要求的成果；④相较于 D–B 模式，为确保项目造价及工期，建设单位愿意向承包商承担额外的风险支出。

《房屋建筑和市政基础设施项目工程总承包管理办法》规定，对“建设内容明确、技术方案成熟的项目，适宜采用工程总承包方式”。

因此，EPC 模式主要适用于金属冶炼厂、核电站、化工厂等设备精密、价格昂贵且采购种类繁多的大型工程项目[16]，房屋建筑和市政基础设施 EPC 项目主要参考石油化工、工业厂房等的 EPC 项目管理经验。

1.3.2 适用 EPC 模式项目特征

建设单位在选择建筑工程项目管理模式时要综合考虑建设周期、投资控制、风险管控等要求，适用 EPC 模式的项目需同时具备以下条件：

（1）有足够数量的投标主体，以便建设单位通过招标、市场竞争机制来优选总承包单位，同时，具有与 EPC 项目管理模式相对应的招标投标管理办法。

（2）总承包商信用良好，整体实力较高，在设计、采购、施工等方面具有较好的组织协调能力，能够对各方面工作进行优化整合。

（3）建设单位能够准确表述对工程项目的预期及方案思路。

EPC 模式虽然减少了建设单位对设计、监理、施工、采购等各专业的协调沟通工作，但也对建设单位提出了更高层次的要求，尤其是合理把控项目的投资。

在项目前期，建设单位需准确表达项目预期，使总承包商明确建设单位需求并于设计中体现，从而规避因需求不明或需求变更而产生费用变化的风险。

（4）对所适用的标准、规范等条款及各项工作流程（如采购、报批报建等）、合同价款变更条件及对应的合同双方所应承担的风险应在合同中予以明确[17]，如：

明确适用的标准条款：对项目投产后需满足的基本要求与应具备的功能进行说明。

费用变化范围的确定：如工程范围的扩大与减小；改变任何工作的性质、质量或类型；技术规范的变动；功能要求的变化；建设单位要求的加速施工、暂时停工；附加工作等。

双方应承担的风险：总承包方原因造成的风险，如建设过程中因质量、进度、安全等问题产生的费用和风险均应由总承包方承担[17]，而因物价、汇率、法律、战争等外部因素影响所造成的风险则由建设单位承担。

1.4 EPC 模式分析

由于管理、运营、投资管理方式不同，在 EPC 模式的基础上又衍生了多种项目管理模式。

1.4.1 国外的 EPC 模式运作方式

1. EPC 模式

EPC 模式是集设计、采购、施工于一体，工程总承包企业按照合同约定对工程建设项目的设计、采购、施工、试运行等实行全过程或若干阶段的承包的模式。EPC 总承包又可分为 EPC（max s/c）和 EPC（self-perform construction）两种。

EPC（maxs/c）模式：此模式下总承包商通过将施工任务分包给分承包商来协助工程项目的建设。该模式合同结构形式如图 1-2 所示。

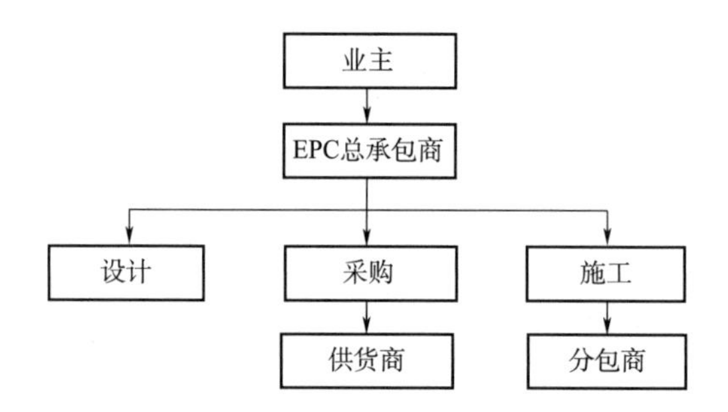

图 1-2　EPC（max s/c）模式的合同结构形式

EPC（self-perform construction）模式：相较于 EPC（max s/c）模式，该模式下分承包商只完成少量工作，工程的设计、采购和施工部分由总承包商负责。该模式合同架构如图 1-3 所示。

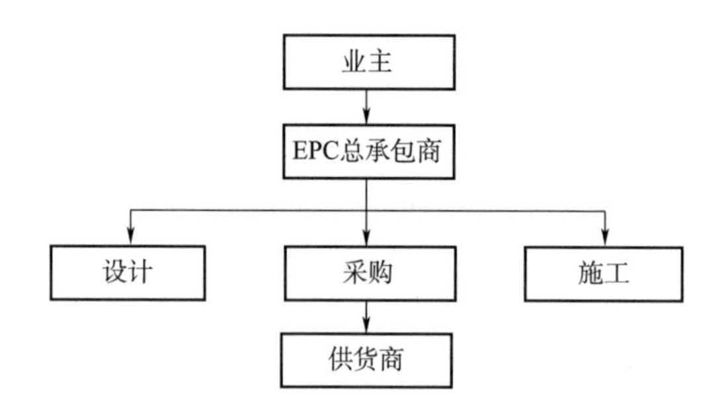

图 1-3　EPC（self-perform construction）模式的合同结构形式

2. EPCm 模式

EPCm（Engineering Procurement Construction management）指的是项目的设计、采购及施工管理由 EPC 承包商负责的模式，即建设单位聘请施工承包商进行施工，但需由 EPC 承包商对施工承包商进行管理并对工程质量全面负责。该模式合同架构如图 1–4 所示。

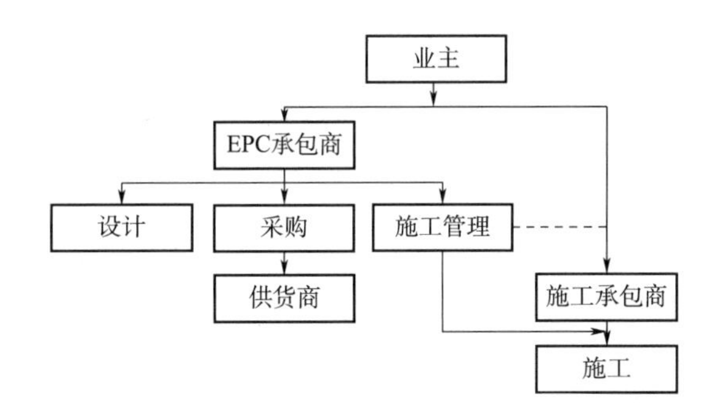

图 1–4　EPCm 模式的合同结构形式

3. EPCs 模式

EPCs（Engineering Procurement Construction superintendence）与 EPCm 不同的是施工管理由建设单位负责，EPC 承包商对施工承包商仅实行监督权，同时还对项目物资管理和试车服务负责。其中以实际工时计算施工监理费，且该费用不含在承包价中。该模式合同架构如图 1–5 所示。

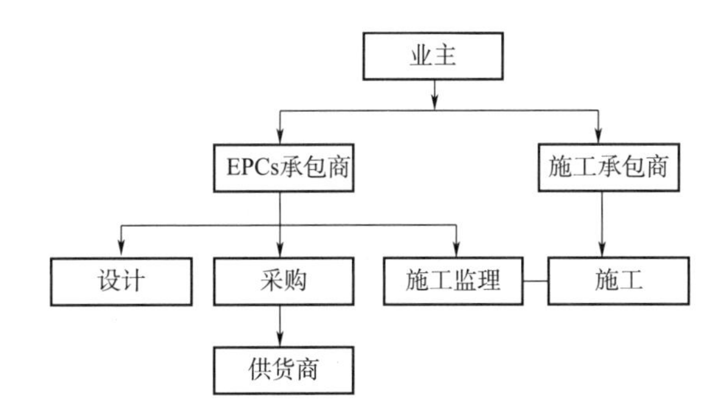

图 1–5　EPCs 模式的合同结构形式

4. EPCa 模式

EPCa（Engineering Procurement Construction advisory）模式下建设单位负责施工管理，但 EPC 承包商在负责项目设计和采购的同时还需向建设单位提供项目施工咨询服务，承包价不含施工咨询费，该费用以实际工时计算。该模式合同架构如图 1–6 所示。

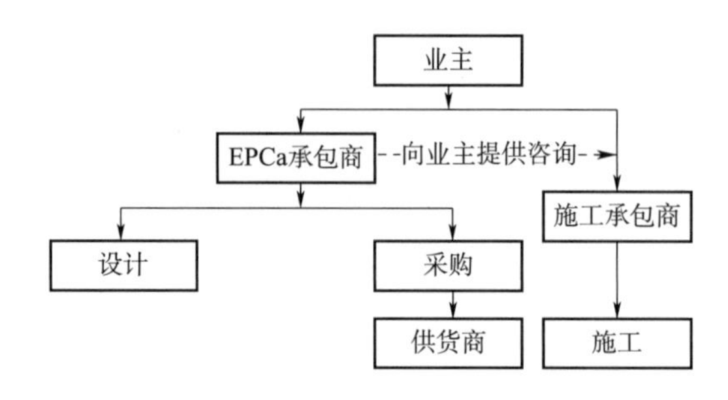

图 1-6　EPCa 模式的合同结构形式

5. PMC+EPC 模式

PMC+EPC（Project Management Contractor+Engineering Procurement Construction）模式增加了项目管理承包，即建设单位与管理承包商订立合同并以管理承包商为代表对项目工程管理全面负责，包括项目定义、招标、规划、EPC 承包商的选择、工程验收等，同时协调管理负责项目设计、采购、施工工作的 EPC 承包商。

目前，国外特别是西方国家的大型石化工程建设大多采用该模式。

1.4.2　国内的 EPC 模式运作方式

1. F+EPC 模式

F+EPC（Finance+Engineering Procurement Construction）是应市场需求而由 EPC 模式衍生出的集融资、设计、采购、施工于一体的新型项目管理模式。该模式是未来国际工程发展的一个极为重要的方向。

以融资加承发包相结合的 F+EPC 模式能够充分发挥大型企业在管理、技术、融资方面的优势，发挥设计在工程建设过程中的关键作用，优化工作从项目初期便开始了，设计优化工作贯穿整个项目建设过程，以确保工程建设目标顺利达成。由于承包商不参与运营阶段的管理，所以更适合设备材料等占投资比例较大的石油化工、制药、电力、分布式能源、加工制造等行业。

F+EPC 模式主要优点如下：

（1）投资固定。

F+EPC 项目通常采用固定总价的承包模式，合同一旦签订，工程投资基本不会有大的变化，无论对建设单位还是银行来说，可以明确资金需求总量，有利于决策和风险把控。

（2）融资风险小。

采用 F+EPC 方式运作项目，责任明确，管理简化，只要项目收益稳定，融资贷款协议银行很容易通过，对建设单位及银行而言省时省心省钱，只要确保了项目资金的投入，银行等金融机构的回款就有了保障。

（3）收益稳定。

主要体现在三个方面：一是金融机构通过为 EPC 项目融资或放贷，享受到了项目收益的红利，从而获得稳定的贷款利息收益；二是企业通过项目融资增加了承揽项目的范围和概率，可以拓展市场并获得利润；三是可为当地带来较高的经济效益，同时满足国家战略投资的需要。资信好的建筑企业信誉高、能力强，善于组织相关资源，能够通过该模式充分发挥自身在融资和项目管理方面的优势[18]。

2. F+EPC+O 模式、EPC+O 模式

F+EPC+O（Finance+Engineering Procurement Construction+Operation）相较于 F+EPC 模式增加了运营管理环节，是指承包商在提供融资和建设的基础上，加上运营环节的交钥匙模式。

EPC+O（Engineering Procurement Construction+Operation）即 EPC+ 运营模式，主要优点如下：

（1）充分发挥了市场机制的作用。

各参建单位以投资项目为标准对项目进行管理，可实现项目的经济效益最大化。

（2）工程总价包干，投资风险可控。

合同条款清晰、责任明确，项目建设需求及功能实现准确表达，对造价和工期履约有确定性保证。

（3）承包商对设计、施工统一规划，通过设计与施工的有效融合提高工程建造品质。

（4）项目的工期、质量、安全等由承包商全过程负责。

（5）工程一次招标，大量减少招标成本。

（6）项目建成后专业运营管理能真正发挥作用。

3. PPP+EPC 模式

PPP+EPC（Public-Private Partnership+Engineering Procurement Construction）

模式为政府和社会资本合作的 EPC 模式，即以 PPP 模式运作整个项目而工程建设采用 EPC 模式的管理模式，PPP+EPC 模式不是 PPP 的一种具体模式。

该模式诞生的原因是目前大多数政府和社会资本合作的项目中包含了许多没有建设施工背景的企业（金融企业占多数），而在基础建设领域方面这类企业不具备优势，为完成这些项目，这类企业必须与具体施工方建立合作关系。

PPP+EPC 模式主要优点如下：

（1）提高生产效率。

由政府投资的经营生产形式是用别人的钱为别人办事，而 PPP 模式能够有效地将这种经营形式转变成企业花自己的钱为自己做事，这一形式的转变能够有效提高项目生产效率。

（2）政府支持力度增加。

PPP 模式项目建设能够最大限度地获得建设单位以及地方政府的支持，在国土协调、水电方面尤为显著。

（3）企业更加注重成本控制。

因 PPP 项目为投资型项目，在保证工程建设安全及质量的前提下，施工单位更加注重施工过程中的造价管控。

（4）有助于提升管理人员的综合素质。

在工程建设过程中存在设计模式对某些工程部位不适用的情况，这需要施工单位在设计阶段加强与设计单位的协调沟通，在符合规范的前提下与设计单位针对不适用部位开展设计优化工作，通过协同工作提高管理人员的综合能力。

（5）降低了资金回收风险。

为保证工程款能如期支付给施工单位，当地政府通过将有完全处分权的房产作为抵押财产来降低部分资金回收风险。

4. BOT+EPC 模式

BOT+EPC（Build Operate Transfer+Engineering Procurement Construction）是包含建设、经营、转让的 EPC 模式，是指某一企业或机构获得政府特许能够在某一时间段内进行公共基础建设和运营以及通过工程总承包的形式进行建设施工，在特许期限结束后应向政府移交所建设设施，从本质上来看，BOT 是基础设施投资、建设和经营相结合的形式。政府可通过该形式与一些经济实力雄厚、工程技术领先的企业或机构进行融资，以此完成基础设施建设，这也是该模式的优点所在。

5. EPC+O&M 模式

EPC+O&M（Engineering Procurement Construction+Operation Management）是除EPC模式之外还包含运营、维护的总承包模式，承包商不仅负责工程的设计、采购和施工，后续的运营及维护也由承包商负责。

6. I+EPC 模式

I+EPC（Investment+Engineering Procurement Construction）模式以投资为动力，充分发挥投资的引领作用，将设计工作前置，实现对项目设计、生产、采购及施工一体化的全面管理。

7. RD+EPC 模式

RD+EPC（清华惟邦营造法）为建设单位委托工程总承包模式，是汪克团队在中国建筑师负责制这条探索之路上的实践成果。庄惟敏教授自 2008 年成立清华惟邦营建研究中心以来便一直致力于研究符合中国国情的建筑模式，于 2012 年发明了以腾龙阁为标志的 RD+EPC 模式，随后该模式在惟邦办事处、南京北纬办公楼、铜仁凤凰机场等项目中得到实际应用并升华，理论框架形成于 2016 年。该模式的成功应用说明 RD+EPC 模式可作为中国建筑师负责制理论体系完成之前的一个过渡模式。

1.4.3 国内 EPC 运作的管理规定

厘清招标规则和投标规则是发包人选出优质承包方、投标方中标项目的关键，对于采用联合体承建的项目，要合理选择联合体牵头方和项目经理，从而发挥各方优势，推进工程项目建设。

1.4.3.1 国内 EPC 模式的招标规则

1. 招标阶段

《住房城乡建设部关于进一步推进工程总承包发展的若干意见》（建市〔2016〕93 号）规定，“建设单位可以根据项目特点，在可行性研究、方案设计或者初步设计完成后， 按照确定的建设规模、建设标准、投资限额、工程质量和进度要求等进行工程总承包项目发包”。

EPC 招标工作可以在概念方案设计之后进行，也可以在完成设计方案之后进行，无论是方案已定还是未定的 EPC 工程总承包招标，均应明确招标需求。

《房屋建筑和市政基础设施项目工程总承包管理办法》（建市规〔2019〕12号）规定：建设单位应当在发包前完成项目审批、核准或者备案程序。采用工程总承包方式的企业投资项目，应当在核准或者备案后进行工程总承包项目发包。采用工程总承包方式的政府投资项目，原则上应当在初步设计审批完成后进行工程总承包项目发包；其中，按照国家有关规定简化报批文件和审批程序的政府投资项目，应当在完成相应的投资决策审批后进行工程总承包项目发包。

2. 招标要求

《房屋建筑和市政基础设施项目工程总承包管理办法》（建市规〔2019〕12号）规定：

（1）项目范围内的设计、采购或者施工中，有任一项属于依法必须进行招标的且达到国家规定规模标准的，应当采用招标的方式选择工程总承包单位。

（2）应当根据项目特点和需要编制招标文件，列明项目的目标、范围、设计和其他技术标准，包括对项目的内容、范围、规模、标准、功能、质量、安全、节约能源、生态环境保护、工期、验收等的明确要求。

（3）提供发包前完成的水文地质、工程地质、地形等勘察资料以及可行性研究报告、方案设计文件或者初步设计文件等。

（4）应当依法确定投标人编制投标文件所需要的合理时间。

（5）评标委员会的组建，应当依照法律规定和项目特点，由建设单位代表、具有工程总承包项目管理经验的专家和从事设计、施工、造价等方面的专家组成。

（6）可以在招标文件中提出对履约担保的要求，依法要求投标文件载明拟分包的内容；设有最高投标限价的，应当明确最高投标限价或者最高投标限价的计算方法。

1.4.3.2 国内 EPC 模式的投标规则

《房屋建筑和市政基础设施项目工程总承包管理办法》（建市规〔2019〕12号）规定：

（1）工程总承包单位应当同时具有与工程规模相适应的工程设计资质和施工资质，或者由具有相应资质的设计单位和施工单位组成联合体。工程总承包单位应当具有相应的项目管理体系和项目管理能力、财务和风险承担能力以及与发包工程相类似的设计、施工或者工程总承包业绩。

（2）设计单位和施工单位组成联合体的，应当根据项目的特点和复杂程度，合理确定牵头单位，在联合体协议中明确联合体成员单位的责任和权利。联合体各方应当共同与建设单位签订工程总承包合同，就工程总承包项目承担连带责任。

（3）政府投资项目的项目建议书、可行性研究报告、初步设计文件编制单位及其评估单位，一般不得成为该项目的工程总承包单位。政府投资项目招标人公开已经完成的项目建议书、可行性研究报告、初步设计文件的，上述文件编制单位可以参与该工程总承包项目的投标，经依法评标、定标，成为工程总承包单位。

（4）投标文件须载明拟依法分包的内容。

（5）以暂估价形式包括在总承包范围内的工程、货物、服务分包时，属于依法必须进行招标的项目范围且达到国家规定规模标准的，应当依法招标。

1.4.3.3 国内 EPC 模式联合体牵头单位类型及优缺点

根据 EPC 联合体模式牵头单位的不同可分为以设计单位牵头和以施工单位牵头两种联合体模式。

工程前端的设计是保证质量、安全和创效的关键工作，在工程建设过程中处于核心位置且具有主导作用。无论谁是牵头单位，都要重视设计前端的价值，重视设计与采购、施工各环节的融合。

1. 联合体以设计单位牵头的优缺点

1）优点

（1）设计发挥主导作用，统筹规划整个项目。

在项目方案设计阶段，设计单位综合考虑建材、工程做法、设备、工艺流程等对成本的影响，通过专业技术及资源优势实现项目降本增效，从而更好地促进设计与施工融合。

（2）更好地实现质量目标。

通过深入研究和分析项目前期资料的，充分理解建设单位使用需求，为后续施工过程中的质量管控提供指导意见，减小偏离工程预期的风险[19]。

（3）更好地实现成本控制目标。

成本控制是 EPC 项目的关键，而整个成本管控过程中最核心的部分是决策和设计阶段。根据以往数据，对 EPC 项目工程投资影响最大的是项目的可行性研究、方案以及初设阶段，约占整体工程投资的 80%，施工阶段约占 20%，因

而在成本管控方面，具备丰富的施工图设计以及造价管控经验的设计单位更具优势。

2）缺点

（1）国内设计单位大多属于轻资产企业，抗风险能力较低。

设计单位的核心业务为勘察设计，重人力而轻资产，核心业务无需通过融资开展，遇到较大资金问题时也无法通过融资方式解决。以设计单位牵头的 EPC 工程，在项目出现履约问题而导致大额赔偿时，设计单位没有能力进行赔付，只能由联合体成员方承担连带责任。

（2）设计单位在组织结构、人才储备、企业文化等方面和国际标准的工程公司存在较大的差异。

EPC 项目的建设需专门配备 EPC 项目经理、采购经理、计量工程师以及安全工程师等专业管理人员，而传统的设计单位主要以设计管理为主，技术层面以设计为核心，在组织架构、工程技术以及专业项目管理人才方面相较于工程公司而言还略有不足。

（3）设计单位项目管理、融合度均欠缺。

EPC 联合体的运作从招投标阶段便已开始。在此阶段需以招标文件要求来确定联合体组成单位，各单位对各自负责项目内容的报价进行整合后向建设单位提交项目整体报价。

秉持平等自愿原则，联合体在正式投标前通过各方谈判后签署联合体协议。若后续项目中标，则进入实施阶段，在此阶段联合体牵头方需做好各项工作的协调管理，而协调管理能力的强弱与 EPC 项目成功与否息息相关，但设计单位在这方面的管理还存在一定的不足[20]。

2. 联合体以施工单位牵头的优缺点

1）优点

（1）施工单位在实施方案管控上有丰富经验。

作为项目实施过程中最重要的环节，施工方案的好坏直接影响项目工期、造价、工程质量以及安全等。相较于设计单位，以具备多年施工现场管控经验的施工单位为项目建设主体明显更具优势。

（2）施工单位在材料采购、成本管理上能有的放矢。

涉及大宗材料及设备采购时，当材料市场价出现波动时，作为材料市场价格直接承受主体的施工单位更能发挥其优势。在项目成本管控方面，施工单位可通过自身丰富的施工经验以及累积的社会资源对施工方案的人、材、机的询价、比价工作进行合理统筹规划，实现施工过程中的成本管控。

（3）施工单位体量大，融资能力强，抗风险能力强。

施工单位体量大，风险应对能力较强，针对国内 EPC 项目签约需垫付保证金的情况，即便是大型复杂的 EPC 项目，施工单位也能够完成融资。

2）缺点

（1）施工单位缺少专业的设计人员，不合理的设计进度直接影响项目施工。

EPC 项目建设有别于传统项目施工，合理的设计进度管理是做好项目总进度管理的关键，施工单位作为联合体牵头单位，如等待设计完成后再进行下一步工作则无法充分发挥 EPC 在设计、采购、施工方面的融合管理优势，那么必将影响项目工期[21]。

（2）工程造价易超概算。

EPC 项目能否在资金有限的情况下完成工程建设，关键在于设计方案，设计方案在很大程度上决定了项目总投资。施工单位牵头时，若仅由设计单位根据经验进行设计且无法对设计方案的合理性与经济性进行有效管理，则可能出现方案测算的总造价超出已批复的概算或签约合同价的风险。

（3）以施工单位思路实施设计管理，缺少与 EPC 项目相适应的管理组织架构。

以传统施工总承包管理方式去管理 EPC 项目，缺乏专业的设计管理人员，设计管理体系与组织不健全，设计管理工作不到位，未建立设计与施工协同合作的机制。

1.4.3.4 国内 EPC 模式对项目经理的要求

《房屋建筑和市政基础设施项目工程总承包管理办法》规定，工程总承包项目经理应当具备下列条件：

（1）取得相应工程建设类注册执业资格，包括注册建筑师、勘察设计注册工程师、注册建造师或者注册监理工程师等；未实施注册执业资格的，取得高级专业技术职称。

（2）担任过与拟建项目相类似的设计、施工、监理等项目负责人。

（3）熟悉工程技术和工程总承包项目管理知识以及相关法律法规、标准

规范。

（4）具有较强的组织协调能力和良好的职业道德。

（5）不得同时在两个或者两个以上工程项目中担任工程总承包项目经理、施工项目负责人。

1.5 EPC 模式现状及存在的问题

我国项目建设管理制度经历了建设单位自营、建设—设计—施工单位三方制、工程指挥部 3 个阶段。从 20 世纪 80 年代我国建筑业受“鲁布革冲击”之后，国外先进的项目管理方法就对国内建设工程领域产生了深远影响，我国开始进入学习国际先进的工程项目管理经验的阶段。在工程建设管理模式选择上，EPC 模式得到了我国政府的大力支持和推广。

1.5.1 EPC 项目签约现状及发展情况

统计和分析全国工程勘察设计统计公报数据，得到我国历年工程总承包新签合同额（图 1–7）和房屋建筑及市政工程、其他类工程新签合同额对比情况（图 1–8）[22]。从图 1–7 可以看出，2017 年工程总承包新签合同额较 2016 年显著提升，主要是因为 2016 年发布了《住房城乡建设部关于进一步推进工程总承包发展的若干意见》，该意见从四个方面提出了二十条政策和制度措施，要求各级住房城乡建设主管部门高度重视推进工程总承包发展工作。近几年工程总承包签约合同额也呈逐年上涨的趋势，工程总承包模式在国家政策的推动下得以稳步发展。

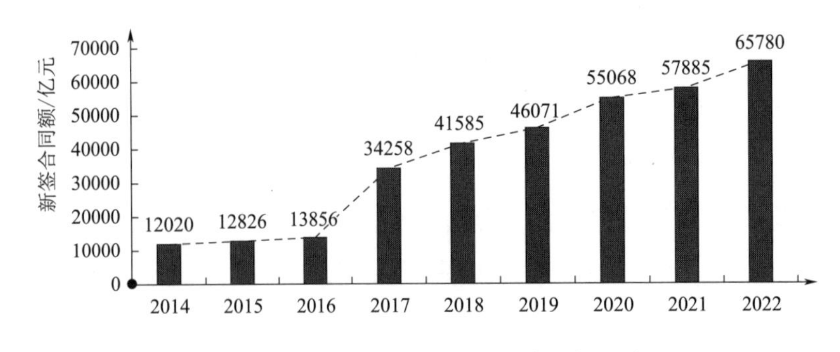

图 1–7 历年工程总承包新签合同额统计

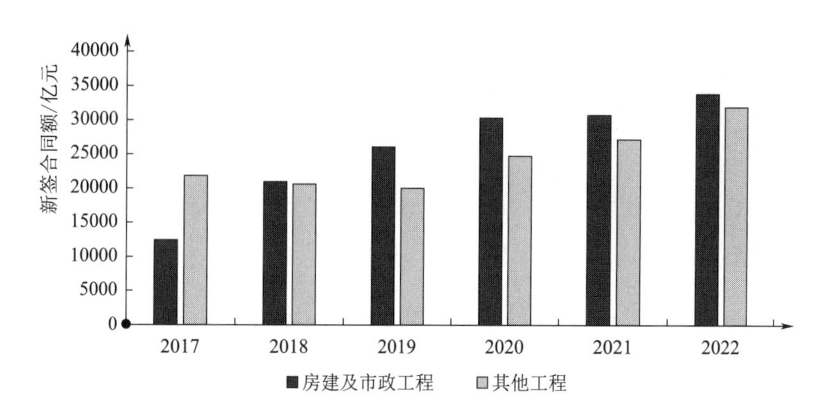

图 1–8 房屋建筑及市政工程、其他类工程新签合同额对比情况

从图 1–8 中的数据可知，自 2017 年开始，房屋建筑工程和市政工程项目稳步增长，房屋建筑工程及市政工程新签合同额占全部工程总承包业务 50% 以上，近几年我国政府在建筑和市政领域大力推进工程总承包模式，并且积极倡导将工程总承包模式应用在政府投资项目和装配式建筑中，因而建筑和市政行业的工程总承包业务近几年发展速度较快。

目前，我国虽然大力推行工程总承包模式，但仍然存在部分项目明面是 EPC 模式而本质是传统施工总承包模式，这类项目只是机械地对 EPC 业务按照传统施工模式进行管理和实施，这样既体现不了 EPC 模式的优势，也限制了传统模式的发展，阻碍了项目建设。

1.5.1.1 引进国外工程总承包模式存在的问题

相较于国外成熟的 EPC 项目管理体系，我国的 EPC 模式还处于初级阶段。无论是市场需求还是项目各方参与主体的建设理念、能力等均与国外 EPC 模式存在较大差异，国内企业不管是在国际还是在国内市场均未发挥出 EPC 模式的优势。如沙特麦加某项目中国企业中标价远低于沙特国内公司报价，项目造成了 41.53 亿元人民币的巨额亏损；温州某项目因前期工作不到位导致项目费用超合同总价而中途停摆；江西宜春某工程因管理失当而发生重大死亡事故。以上项目均因管理体系不完备、相关建设理念运用不当而出现问题。

1.5.1.2 推行 EPC 模式与传统施工模式存在的矛盾

当前，传统施工总承包模式在建设领域仍处于主导地位。经过这些年的推广，建设单位在选择 EPC 模式时存在的“较高的学习成本 ”的问题依旧难以解决。

相较于工程总承包模式，大多数建设单位依旧习惯选择设计、施工分离的传统施工模式，因而“设计、施工分离 ”“低价中标 ”“按图施工 ”等观念难以在短时间内改变。

对于 EPC 项目，设计方负责整个项目的总体规划以及全过程的组织管理；采购方除了负责采购一般的工程建材采购外还负责采购专业设备及材料；施工方不仅需对工程施工负责，还要承担工程安装、试车以及工程管理咨询等工作。总之，EPC 模式的推行必将改变传统施工模式的组织形式。

1.5.1.3 EPC 模式的优势没有充分发挥

EPC 模式融设计、采购和施工于一体，有利于施工各阶段服务主体深度融合和衔接，能有效地推进工程建设进度、成本和质量管控。目前，我国 EPC 项目在实际操作中基本上采用联合体承包模式，依旧是设计、采购和施工相互独立，层层分包、转包；相互之间的协同不强，各自为政，设计与施工“两张皮”，没有统一的目标和行动，EPC 模式的优势得不到充分发挥。

1.5.2 EPC 模式推广现状及原因分析

1.5.2.1 工程总承包模式缺少法律法规支撑

目前，我国关于 EPC 模式的立法少之又少，最高等级的《中华人民共和国建筑法》《中华人民共和国合同法》也仅仅是原则上的定义，EPC 模式的实践缺少强有力的支撑。在推行 EPC 模式的过程中，国家发布了一些具有影响力的政策文件，如《住房城乡建设部关于进一步推进工程总承包发展的若干意见》，以及各省市根据国家政策制定的如《湖南省人民政府办公厅关于促进建筑业持续健康发展的实施意见》等系列规范性文件，以上文件多以“提倡 ”为主，强制性要求比较少， 并且对 EPC 模式的施行并没有统一的规范，在法律层面均不具备法的强制力且彼此之间还存在矛盾。EPC 模式的招投标规章制度及市场准入资质等方面也没有明确的法律依据。

1.5.2.2 EPC 模式推行基础薄弱

国内推行 EPC 模式仍需经过市场自主选择的考验，我国从学习国外经验再到在国内进行工程试点，主要还是依赖国家政策来推广 EPC 模式，但不可否认，以当下制度和环境推行 EPC 模式仍然存在困难，如交易成本过高仍然是当前实施 EPC 项目面临的困难，而 EPC 模式也因交易成本高、制度不完善、体系不健全面接受程度不高。

1.5.2.3 EPC 模式管理人才缺失

工程总承包商对 EPC 模式理念理解不够透彻，目前承包商无论是能力或是资质均无法满足 EPC 模式的要求，做不到设计与施工深度融合，并且 EPC 项目大多为大型复杂项目，在融资能力、工程技术和项目管理方面对承包商有着更高的要求。虽然我国一直大力推广工程总承包模式，但大多数的企业缺乏专业的 EPC 项目管理人才，甚至有些企业认为只需要将设计、施工人员整合在一起，设计人员做设计、施工人员管施工就能做好项目，这就难以避免项目管理失当。推广 EPC 项目还需要培养更多的专业人才，并且让更多的人了解 EPC 项目管理的本质。

1.6 EPC 项目参与主体及主要法律关系

国内推行 EPC 模式实际上是“自上而下”的。近几年我国政府大力推广工程总承包模式，并且积极倡导工程建设项目采用工程总承包模式，因而我国的工程总承包业务近三年发展速度较快。目前，国内 EPC 项目仍以“国有、国资、国企”等单位为主体。

1.6.1 政府、事业单位、国有企业

政府采购活动中的主体单位包含以下部分：

（1）国家机关：依法享有国家赋予的行政权力，有独立的法人地位，以国家预算作为独立活动经费的各级机关。

（2）事业单位：国家为了社会公益目的，由国家机关设立或者其他组织利用国有资产设立的，从事教育、科技、文化、卫生等活动的社会服务组织。

（3）团体组织：我国公民自愿组成，为实现会员共同意愿，按照章程开展活动的非营利性社会组织。

除此之外，国有企业承担了大量政府公益性项目、大型基础设施项目的投资建设任务，也是 EPC 项目采购的主力军。

政府、事业单位、国有企业采购人以使用财政性资金为主，属于政府采购的管理范畴，财政性资金包括预算资金、预算外资金和政府性基金。使用财政性资

金偿还的借款可视为财政性资金。

1.6.2 其他主体

1.6.2.1 总承包商

总承包商一般应完成的各项承包工作包括但不限于以下内容：

（1）根据项目总体实施方案中的进度计划，按时按质完成设计、采购、施工各项承包工作。

（2）办理法律规定和合同约定的由承包人办理的许可和批准，将办理结果书面报送发包人留存并承担因承包人违反法律或合同约定产生的费用和给发包人造成的所有损失。

（3）按合同约定完成全部工作并在缺陷责任期和保修期内承担缺陷保证责任和保修义务，对工作中的所有缺陷进行整改、完善和修补，使其满足合同约定。

（4）提供合同约定的工程设备和承包人文件以及为完成合同工作所需的劳务、材料、施工设备和其他物品，按合同约定负责临时设施的设计、施工、运行、维护、管理和拆除。

（5）按合同约定的工作内容和进度要求，编制设计、施工的组织和实施计划，保证完成项目进度计划，并对所有设计、施工作业和施工方法以及全部工程的完备性和安全可靠性负责。

（6）按法律规定和合同约定采取安全文明施工、职业健康和环境保护措施，办理相关保险，确保工程及人员、材料、设备和设施的安全，防止因工程实施造成人身伤害和财产损失。

（7）将发包人按合同约定支付的各项价款专用于合同工程，及时支付其雇用人员（包括农民工）的工资，在约定时间内向分包人支付合同价款。

1.6.2.2 监理单位

监理人受发包人委托，享有合同约定的权力，监理人按《建设工程监理规范》GB/T 50319—2013 和监理合同相关规定从事监理活动。监理人在发出涉及费用增减或工期延长的监理指令前，须经发包人书面批准，否则无效，包括但不限于工程量增减、议价、索赔、延长工期、改变重大施工技术方案、停复工等。出现危及施工场地内及其毗邻地带的人员伤亡和财产损失等紧急事件时，监理人有权未经发包人批准及时发出监理指令，承包人应立即遵照执行。未经发包人批准，监理人无权修改合同。

1.6.2.3 咨询单位

工程咨询方综合运用多学科知识、工程实践经验、现代科学技术和经济管理方法，以多种服务方式组合，为委托方在项目投资决策、建设实施阶段提供阶段性或整体解决方案等智力性服务活动。

工程咨询方既可以是一家具备相应资质和能力的咨询单位，也可以是多家咨询单位组成的联合体。委托方可以是建设单位、投资方，也可以是项目使用或运营单位。

1.6.3 EPC 项目基本法律关系

工程总承包模式下建设单位的合同关系简单，仅与一家总承包单位存在合同关系。 承包人为联合体时，联合体各方应共同与发包人签订总承包合同。一般情况下，项目的监理工作仅由一家工程监理单位接受委托并实施，监理单位仅与总承包单位建立工作联系，委托方式如图 1-9 所示。

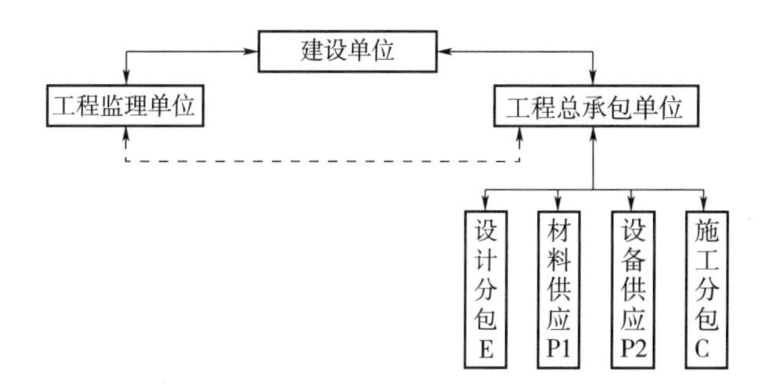

图 1-9 EPC 项目参建单位法律关系图

第 2 章

EPC 管理组织

2.1 EPC 管理定位

2.1.1 战略定位

近年来,政府相关部门相继发布了一系列针对工程总承包的政策和指导意见,工程总承包在我国的推广越来越受到政府的重视。工程总承包是未来政府投资项目(房建类、市政基础设施类)最主要的实施模式,是优秀的工程公司具备的区别于中低端市场竞争对手的关键能力,也是工程公司项目实施模式升级的核心,更是工程公司未来创新发展的驱动力。

工程公司应以工程总承包管理为核心,延伸产业链条,培育和发展勘察设计、工程咨询、物业运营、装配式建筑、安装业务、建筑工业化、代建等产业链上下游业务。通过业务结构优化,全面提升上、中、下游一体化的产业链资源整合能力。

2.1.2 机构定位

以工程总承包为突破口,服务领域向前后延伸,完善工程总承包管理体系,立足高端市场,打造高端品牌。管理机构应以设计为龙头、建造为核心、计划管理为主线、体系联动为保障、公共资源为抓手、专业分包单位为辅助,推行“控造价、控质量、控进度”的“三控”管理,聚焦投融资协同能力、设计优化能力、统筹管理能力、运营管理能力、组织协调能力、资源整合能力“六大能力”建设。

2.1.2.1 管理理念

相比传统的施工总承包强调“按图施工”、对建设单位强调“变更索赔”的思维模式,施工方与发包方属于相互博弈的关系,专业化管理服务是赢得工程总承包市场的关键,工程总承包商要站在建设单位的角度管理项目,为建设单位提供设计、施工、采购及运营维护等一揽子服务,按合约交付工程;在服务理念上,树立“急业主所急,想业主所想”的理念,坚持概算总控的原则,履约与商务协同并进,实现参建各方合作共赢的目的。

2.1.2.2 管理模式

区别于施工总承包的降本增效，工程总承包商应以为建设单位提供系统解决方案和创造价值为导向，运用价值工程，以打造功能与成本最优工程为目标，实施产业链全过程、全管理要素的集成式管理。改变投资、设计与施工分离的管理模式，以“统筹兼顾”代替“专业分割”，以“集成统一”代替“零散分布”，以“高度融合”代替“各自为政”，实现设计、采购、施工的协同与集成管理，发挥 EPC 项目融合管理优势。

2.2 EPC 组织保障体系

传统的施工总承包管理架构难以满足 EPC 项目管理的需要，针对 EPC 项目呈现“施工、设计、采购、报批报建多头推进，设计和现场施工协同并进，各项工作前后衔接时间紧凑”的特点，可在企业总部设立 EPC 管理机构，统筹企业 EPC 总承包项目管理，指导、审核 EPC 项目部的管理策划、实施计划、图纸设计、概算控制、报批报建工作，确定各业务工作目标等，项目部层面在原有传统施工总包的管理架构上增加了设计管理室，全面负责 EPC 项目的设计管理、计划管理、报批报建管理等工作。组织架构如图 2-1 所示。

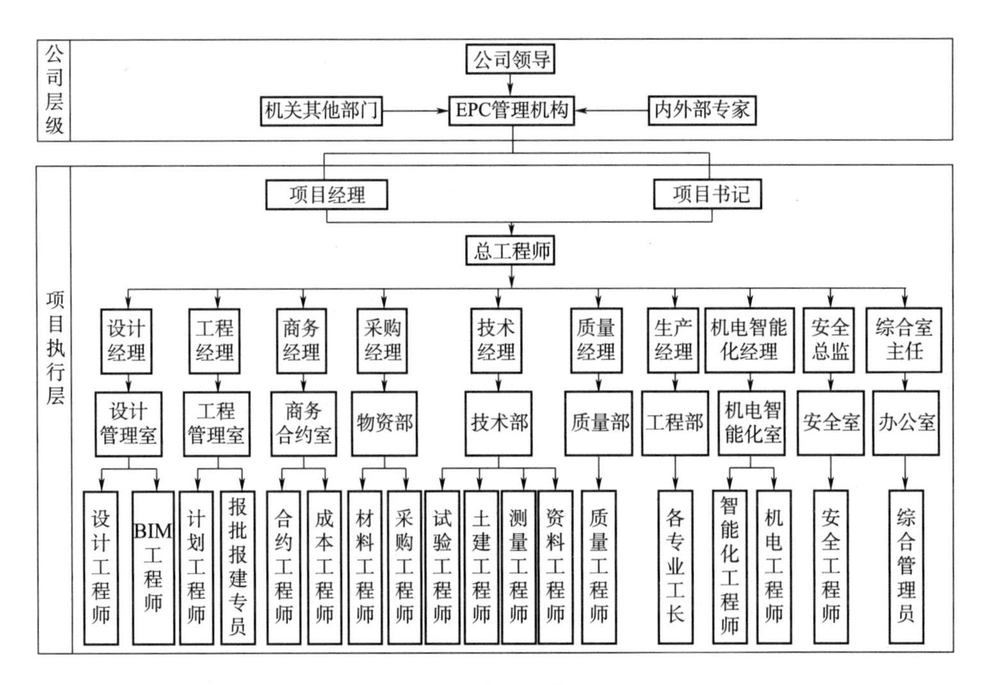

图 2-1 组织架构图

2.3 EPC 管理组织职能

2.3.1 总部 EPC 管理机构职能

（1）组织总部工程、经济、技术、财务等部门评审 EPC 项目管理策划文件，对工程技术、成本资金和商务策划等给出可行的建议。

（2）负责 EPC 项目管理体系和标准化建设，监督、考核 EPC 项目部标准化工作落实情况。

（3）指导 EPC 项目部编制设计、报批报建、招标采购、施工、试运行、竣工交付等进度计划并监控执行情况。

（4）负责建立 EPC 项目设计单位资源库和设计专家库。

（5）指导 EPC 项目部分析设计概算总控表、设计说明书、可行性研究报告等资料的要点内容，组织评审初步设计概算及施工图预算文件，对造价超标的专业提出优化意见。

（6）负责监督 EPC 项目设计进度及质量，对进度滞后及设计质量问题进行预警和通报。

（7）编制建设工程行政审批报建手册，指导 EPC 项目土地手续阶段、规划报批阶段、施工报建阶段相关证件的办理。

（8）梳理建设项目竣工验收交付流程，与政府相关验收部门建立良好的沟通关系，指导项目部工程竣工验收交付。

（9）负责编制和汇总不同类型 EPC 项目（如学校、医院、安置房工程、工业建筑、基础设施等）的功能需求、设计与施工重难点、造价指标及常用工程设备信息（如电梯、空调设备、消防设备的品牌、价格、参数），积累和推广 EPC 项目管理经验。

（10）为 EPC 项目投标阶段提供设计优化与造价咨询服务，指导技术标与经济标的编制工作。

2.3.2 项目部管理职能

2.3.2.1 设计管理室职责

（1）负责工程总承包项目的设计进度和质量管理、设计优化、二次深化设计。

（2）负责编制 EPC 项目设计策划文件，落实设计策划管理要求和目标。

（3）协助 EPC 项目造价人员完成投资估算、初步设计概算、施工图预算的编制工作，配合物资采购人员完成材料设备选型工作。

（4）负责项目设计管理相关工作内容（总、月、周计划等），并对设计工作进行分析、预警。

（5）收集承建的 EPC 项目（如学校、医院、安置房工程、工业建筑、基础设施等）的功能需求、工程做法、限额设计指标等信息。

（6）负责项目图纸收发、图纸审查、设计变更台账管理。

（7）负责 EPC 项目设计优化与限额设计管理，落实设计管理工作的标准化。

（8）负责 BIM 技术管理，运用 BIM 技术完成管线综合排布及算量工作。

（9）负责 EPC 项目设计案例优化及设计管理经验总结。

2.3.2.2　计划管理部职责

（1）与总部工程管理部对接，为 EPC 项目计划管理提供资源及技术支持。

（2）负责 EPC 项目一级计划、二级计划和三级计划的编制；监督计划的执行，对工程进度滞后情况进行预警和纠偏。

（3）通报项目计划节点和工期履约完成情况。

（4）落实计划管理标准化工作。

（5）编制项目报建验收计划，完成项目报建验收管理工作。

（6）与相关政府部门建立沟通对接机制，推进报建、验收工作。

（7）完成工程管理室的内业资料收集和整理工作。

EPC 项目部其他部门的管理职责可参考施工总承包项目的管理职责。

第3章 EPC项目风险管理

在EPC工程总承包模式下，尽管五方责任主体不变，但工程总承包单位几乎承担了工程建设设计阶段、施工阶段及保修阶段的所有责任，凡是工程涉及勘察、设计、采购、施工、保修的问题，总承包单位都有相应的责任。较传统施工总承包模式而言，在EPC模式下，总承包商应按照合同约定，承担工程项目的设计、采购、施工、试运行等工作，并对其质量、安全、工期、造价全面负责，因此总承包商要具备把控全局的能力，这就对总承包商的管理能力、商务能力、专业能力有了更高的要求。

总承包单位享有的自主权越大，管理过程中需要协调的事项与需要解决的问题也越多，面临的风险也越大。各专业分包单位之间的协调管理要做到信息对称和全面，管理和沟通不到位易造成损失。

3.1 风险管理目的

为了确保工程总承包单位生产经营及一切管理活动合法合规地贯彻执行，建立良好的内部风险控制环境，规范风险管理程序和方法，防范、预控与化解工程总承包单位重大风险，提高经营管理效率和效果就显得尤为重要。建立完善的信息沟通渠道，逐步实现内部控制与全面风险管理工作信息化，确保工程总承包单位及所属各单位信息真实、完整，外部信息传递及时、可靠，满足企业内部和外部监管机构监管要求。

3.2 风险管理的原则

（1）整体设计、分步实施原则。企业风险管理领导小组负责风险分析与识别、应对与总结，根据业务特点和组织模式，组织各项目部分步实施。

（2）全面与重点相结合原则。内部控制与全面风险管理工作在覆盖企业及所属项目部所有业务领域的基础上，提升解决重要业务和高风险领域问题的能力。

（3）与现行管理体系有效结合原则。企业内部控制与全面风险管理工作应融入建筑企业总部与项目各项工作，优化业务和事项办理流程，嵌入企业管理全过程和工作的各个环节。

（4）战略目标导向原则。企业内部控制与全面风险管理工作应服务于企业总体发展战略，促进企业发展战略目标实现。

3.3 风险类型

在施工总承包模式下，施工企业对于施工合同可能存在的风险，大多都形成了相应的企业管理机制，能及时识别可能出现的风险并制定相对应的风险管理机制和处理预案。但对于 EPC 项目中存在的风险有认识不全面、不深刻等问题，无对应的管理机制或对应的解决方案，导致在 EPC 项目管理过程中无法及时识别风险或者识别到风险但是没有应对风险的对策，造成项目运行困难，出现亏损或者管理效果不理想的情形。相对于传统的施工总承包模式，EPC 项目管理过程中存下以下风险。

1. 投标风险

在投标阶段，需要重点关注发包人要求、现场条件及工程所在地的市场情况等，结合实际情况综合报价，避免报价风险。对于工程总承包单位而言，投标是 EPC 工程管理的开始，要对此阶段潜在的重大风险进行分析和研判，制定可行的风险应对措施。在投标报价时，传统施工总承包模式下建设单位一般采用工程量清单招标，承包商根据招标清单组价即可，但是 EPC 项目在报价时，一般采用费率下浮或固定总价模式，由于项目一般处于方案设计或者初步设计阶段，工程量并不能确定，报价时需要考虑一定的量变造成的费用增减。投标报价时要对招标文件中约定的风险范围进行分析，承包商在报价前期需要了解招标文件中约定的风险范围，进行现场踏勘，了解工程所在地市场情况，在考虑全面风险因素后再进行投标报价。

2. 合同风险

EPC工程总承包合同一旦签订，合同风险就贯穿于项目整个过程，直至竣工结算。在合同谈判过程中，要合理选择风险承担方，对于项目建设过程中的任何风险，都应选择适宜承担或有能力控制损失的一方作为风险承担方。

目前的建筑市场上，建设单位通过风险转移的方式将大部分风险转移给总承包商。有些EPC工程合同中约定，总承包商承担全部涨价风险、不可预见风险、不可抗力等超出工程总承包单位能力范围的风险因素。因此，工程总承包单位应具备较强的风险管控能力。

工程总承包单位在合同谈判过程中，要积极争取超出合同范围的风险因素由建设单位承担。合同签定后，进行全面风险要素评估，制定重大风险要素应对策略，将风险管理工作前置，以便风险管理工作有效进行。

3. 设计管理风险

在EPC总承包模式下，工程总承包单位要统筹管理设计与施工，实现设计与施工的融合，设计人员重技术轻经济易造成项目超概算，造价人员要同步介入设计工作，在设计过程和设计图纸完成后及时测算并为设计提供造价指导意见。设计工作不到位、设计图纸深度不够、质量不合格，造成现场拆改，影响工程的进度、质量而产生的费用需总承包商来承担。因此，设计与造价人员要参与图纸审核，及早发现图纸问题，完善设计做法，在设计阶段解决造价与技术问题，顺利推进工程建设进度。

4. 报批报建风险

工程总承包单位要积极配合建设单位做好报批报建工作，在建设单位提供资料后要及时跟进项目报批报建进展。建设单位为了推进工程建设会在图纸上确认后进行设计文件报审，可能存在设计标准比较高的情况，如未及时测算就已上报，一旦图纸审核通过，很难再调整和修改方案，易造成项目有超概算风险。工程总承包单位在设计文件确认前需测算造价，测算结果符合投资控制要求后，才能确认设计文件，配合建设单位完成设计文件报批程序。

5. 政治法律风险

目前国内EPC项目相关制度还不健全，EPC工程建设中的问题通常由双方协商解决，这就导致项目在实际运行过程中出现较多争议，影响工程项目建设。

EPC 项目在建设过程中可能因国家规范、地方标准或者行业标准的更新，对应增加工程量或工程造价。部分 EPC 合同会约定此类风险由工程总承包单位采取设计优化措施来解决，以达到限额设计的要求，如果未能达到要求，则此部分风险由工程总承包单位承担。

6. 市场风险

部分 EPC 项目合同约定涨价风险由工程总承包单位承担，由于 EPC 项目估算编制和概算编制到项目施工阶段周期较长，市场变化存在不确定因素，需要工程总承包单位对市场情况进行准确的信息收集与分析，并制定应对市场变化的措施。

7. 结算风险

结算风险存在于项目建设的全过程，并非只在结算阶段出现，竣工资料不全或与现场不符、变更确权文件手续不全或资料真实性不足等都会影响结算进度甚至造成项目亏损。EPC 项目合同大多约定以政府相关部门审计结果或者建设单位审核结果作为结算金额，政府相关部门或建设单位审计不规范、审核结论的不合理，也是造成结算风险的原因。

8. 联合体风险

目前建筑市场上既有施工能力，又有设计能力的工程总承包单位少之又少，大多 EPC 工程采用联合体形式。工程前端的设计单位与工程后端的施工单位各取所长组成联合体，设计与施工形成合力，一方牵头，另外一方完全配合，充分发挥联合体优势。设计单位一般注重设计进度、质量和安全，容易忽略成本及现场施工管理，而施工单位则对设计了解有限。两个单位的配合度高是推进项目顺利建设的前提。在联合体协议中要明确双方的责任和义务，为双方顺利合作提供基础保障。EPC 项目承包范围广，需要双方配合的内容也必然很多，双方可成立设计管理组织，负责项目设计阶段的沟通工作，推动设计工作高效进行。

3.4 风险管理方法

工程总承包单位项目部应广泛、长期收集风险和风险管理相关的行业和国家政策信息，逐步建立适用企业的风险管理综合信息库。

工程总承包单位总部应建立风险管理信息的收集与报送机制，注重风险信息及重大风险管理案例汇编工作，并按程序提交内部控制与风险管理部门。内部控制与风险管理部门应做好风险信息的整理、汇总和分析工作，并定期将风险信息上报工程总承包单位内部控制与风险管理领导小组。

工程总承包单位总部和项目部应定期开展风险评估活动，确定重大风险事项。当管理活动和外部环境发生较大改变时，应重新组织风险评估，及时调整风险控制重点和管控策略。

工程总承包单位风险评估工作由内部控制与风险管理小组统一组织。工程总承包单位的风险评估工作可聘请外部专家配合进行。

工程总承包单位各业务部门应根据工作职责归口，对本业务领域的风险进行评估， 内部控制与风险管理领导小组提供必要的专业协助，并分析整理企业、部门风险评估结果，提出重大、重要风险事项，报内部控制与风险管理领导小组认定后公布。

工程总承包单位应根据企业内部情况和外部环境，明确风险偏好和风险承受程度， 确定适宜的风险管理方法。工程总承包单位总部及项目部内部控制与风险管理部门应针对重大、重要风险做好风险的分解和管控措施。企业各业务部门应根据工作职责，建立风险管理台账，制定企业长期的风险管理机制。

工程总承包单位总部及项目部应建立快速、高效的危机处理和应急管理预案。对新出现的、缺乏应急预案的重大风险，相关部门应当及时研究制定应对方案。

工程总承包单位总部及项目部应加强横向及纵向的风险管理信息沟通与交流，提高解决重大、重要风险事件的能力。

工程总承包单位总部及项目部应建立风险管理报告和重大、重要风险预警机制。通过高效的沟通和反馈机制，及时了解企业面临的风险问题，制定风险管理方案，强化风险防控能力。

工程总承包单位总部及项目部应及时对风险源和风险信息进行评判，建立风险预警系统，发现和应对可能出现的风险。

3.5 风险管理报告

定期报告和不定期专项报告是风险管理报告的主要形式。在一定时间范围内汇总和分析工程总承包单位的风险状况和风险管理情况是定期报告的主要内容。

对工程总承包单位生产、经营、管理过程中发生的某项重大风险或风险隐患处理情况的专项报告属于不定期专项报告。

工程总承包单位总部和项目部应实时监控对应业务口的风险问题，记录、汇总、分析和处理各类风险信息问题并在处理完重大风险事件后，及时向内部控制与风险管理领导小组提交专项报告。

工程总承包单位各部门、下属各项目经理部需结合重大、重要风险发生和管理情况,向工程总承包单位内部控制与风险管理领导小组提交年度风险管理报告。

工程总承包单位内部控制与风险管理领导小组负责汇总和综合分析各部门、下属各项目经理部提交的风险管理报告，编制工程总承包单位年度全面风险管理报告。

3.6 危机管理

工程总承包单位及项目部应高度重视危机管理工作，以风险评估为基础对危机实施科学的预防、应对和处理。

危机预防应作为危机管理重点，针对不同危机状况，制定相应的管理策略。应对于危机事件时，应主要采取控制策略，减少和消除危机给企业带来的负面影响和损失。

危机事件发生后，工程总承包单位应成立特别小组做好危机事件的处理，快速启动危机管理计划，对危机状况进行初步评估，制定危机事件处理方案，全面展开危机事件处理行动。

工程总承包单位总部及项目经理部应加强危机事件处理过程中的内外联络与沟通，包括与媒体的沟通联络，争取利益相关方及社会舆论的理解与支持，将危机影响减小到可控制范围内，维护和恢复企业形象。

危机事件处理完毕后，参与部门应系统全面做好危机事件的总结工作，查摆危机管理和危机事件处理过程中的问题等，提出整改意见或建议，进一步加强危机事件的预防管理能力，避免新的风险和危机事件发生。

3.7 监督与考核

工程总承包单位总部相关部门和项目部应制定自查和检查制度，定期或不定期自查和检查内部控制与全面风险管理工作，及时发现和改进问题，编制自查或检查报告。

工程总承包单位总部相关部门及项目经理部应做好自查工作，自查工作每年至少开展一次，部门的自查报告应提交内部控制与风险管理领导小组。

工程总承包单位内部控制与风险管理领导小组牵头组织，对总部相关部门和项目经理部内部控制与全面风险管理工作的实施情况和有效性进行检查和评价，出具评价、检查报告，提出调整和改进建议。

工程总承包单位总部相关部门和项目经理部，在自身无法完成风险管理时，可聘请专业机构进行风险管控。

工程总承包单位总部和项目经理部应逐级建立内部控制与全面风险管理工作考核机制，内部控制与全面风险管理工作应列入绩效考核。

内部控制与全面风险管理为定性考核指标，采取计分制形式。适用对象为工程总承包单位下属各项目经理部及其主要负责人。

内部控制与风险管理领导小组组织相关部门和单位实施考核工作，考核结果作为内部控制与全面风险管理工作评先评优等的重要依据。

第 4 章

EPC 项目策划管理

在项目正式启动各项工作前，项目部根据工程特点、总承包合同、设计任务书、建设单位及政府相关部门批复文件编制《EPC 项目管理策划》，较传统施工策划而言，EPC 工程以勘察设计、施工及采购为工作核心，重点对投资控制、设计管理、报批报建、概算管理、物资设备选型等相关内容进行策划。工程总承包单位总部 EPC 管理机构组织技术、质量、经济、工程、物资、财务、人力资源等相关部门对管理策划进行评审，通过策划方案指导工程建设。

4.1 EPC 项目进度策划

EPC 工程项目经理负责统筹和协调勘察设计、采购、施工等单位的各项工作。项目部设置专职设计管理人员对接设计单位的设计工作，工程总承包单位总部 EPC 管理机构为项目提供与设计、施工、采购相关的技术咨询服务。项目部通过高效的工作流程，组织实施各项工作，科学合理地进行设计和施工的融合管理并贯穿于工程建设的各个阶段，发挥 EPC“交钥匙”工程的优势。

4.1.1 项目阶段划分

依据 EPC 项目建设周期特点，将项目分为启动阶段、策划阶段、设计阶段、采购阶段、施工阶段、试运行与验收阶段、收尾阶段。各阶段划分及责任分工见表 4−1。

EPC 项目主要工作分解结构（work breakdown structure, 简称 WBS）及责任分工　　表 4–1

序号	项目阶段	主要工作任务	时间阶段	责任部门 / 责任人
1	启动阶段	主要包括项目经理任命、团队组建、合同交底、召开项目策划启动会		

续表

序号	项目阶段	主要工作任务	时间阶段	责任部门 / 责任人
2	项目策划	结合项目特点、合同约定和企业要求，明确项目目标和工作范围，分析项目风险以及采取的应对措施，确定项目各项管理原则、措施和进程，对项目全过程和全要素开展项目策划（编制项目管理计划和项目实施计划），并为项目开工做好充分准备		
3	项目设计	设计策划、设计方案比选、各拟建建筑物详细设计（初步设计）、工程投资控制（设计概算管理）、设计复查及图纸审查、设计交底，过程设计服务等		
4	项目采购	编制采购计划、拟定采购合同，对项目所有物资、设备进行询价及品牌推荐，为项目顺利实施提供物资和设备，同时做好现场仓库管理等工作		
5	施工管理	编制施工管理计划，为施工做好充分准备，按照设计图纸、标准图集进行实体工程施工、物资设备采购等		
6	试运行与验收	系统检查、复核图纸设计及施工合同内容；单位工程试运行发挥其功能效用，整个建设工程试运转，检查其完整性及功能性是否达到预期目标。自检合格并通过相关工程建设主管部门验收，在通过建设单位验收后，整体移交建设单位		
7	项目收尾	合同收尾、管理收尾、保修回访、项目审计、项目后评价等		

4.1.2 项目进度总计划

在项目合同工期确定后，项目部编制工程进度计划、招标采购计划、报建计划、概算计划并提交总部相关部门审核、批准。根据施工生产要求，倒排设计施工总进度计划。设计施工总进度由建设单位、监理单位确认后，按照计划节点推进各项工作。

EPC 项目工期履约包括设计管理、报建管理、采购管理、工期管理、施工部署、资源配置，制定重点难点针对性措施、风险点管理措施、主要施工方案（临设、模板、脚手架、施工机械、绿色施工等）。项目总进度计划参见表 4–2。编制项目总进度计划需包含两条主线内容：

（1）体现设计、报建、施工相互穿插、深度融合。

（2）计划编制时，可选择有代表性的楼栋进行编排（例如最高楼、最复杂楼、常规楼等）。

EPC 项目设计及施工总进度计划　　表 4–2

序号	任务名称	工期 / 天	开始时间	完成时间	前置任务	备注
一	**方案设计阶段**					
1	建筑方案设计及汇报					
2	方案估算及方案确认					
3	修建性详细规划方案报审					
4	详勘报告					
5	建设工程规划许可证审查、核发					
二	**施工图设计阶段（含初步设计）**					
1	基础施工图					
2	地下部分施工许可证申办（如有）					
3	基础工程施工					
4	土建施工图设计					
5	各专项施工图设计					
6	施工图深化设计					
7	施工图预算编制及审核					
8	施工图审查					
9	（地上部分 / 整体）施工许可证申办					
三	**主体结构施工及验收**					
四	**项目总工期**					

注：根据项目所在地政府相关部门政策规定，建筑工程施工许可证办理可分为整体办理或分阶段办理，其中分阶段办理最多可分为基坑支护和土方开挖、桩基础工程、地下室（地下部分）、±0.000 以上（地上部分）四个阶段。

4.2 EPC 项目设计策划

周密策划设计阶段的风险管控、进度管理、设计优化及限额设计等重要事项，确保设计质量和进度满足施工生产需求，通过设计阶段的事先安排和部署，推动工程前期各项工作顺利开展。

4.2.1 设计风险分析与应对

EPC 项目设计经理根据可行性研究报告及修建性详细规划方案批复文件、初步设计图纸、概算、合同文本、使用需求书、设计任务书、交付标准、材料品牌等资料梳理设计风险事项并制定相应的应对措施，见表 4–3。

设计事项分析与风险应对 **表 4–3**

专业	任务名称	设计事项分析及风险应对	备注
建筑专业	招标阶段设计文件深度		
	建筑工程方案设计审查报审情况		
	项目执行 / 不执行装配式建筑		
	项目绿色建筑等级		
	项目有无海绵城市		
结构专业	桩基选型分析		
	建筑结构体系选型分析		
	基坑支护方案选型分析		
	软基处理选型分析		
	试桩方案分析及建议		
	钢筋限额指标 /（kg/m^2）		
	混凝土限额指标 /（m^3/m^2）		
专项设计	电气专业（含限额指标）		
	装修、园林（限额指标）		
	幕墙设计		
	智能化设计		

4.2.2 设计进度及策划管控

1.EPC 项目设计进度计划

在设计阶段要严控项目工程造价，设计阶段造价测算应根据设计文件完成情况实时更新与调整，设计进度计划参见表 4-4。若项目是在初步设计阶段中标，则从“初步设计”第二项“设计概算编制”开始实施；若初步设计阶段中标后需要重新调整建筑方案，则仍从“方案设计”第一项“建筑方案设计”开始实施。

设计进度管控计划 **表 4-4**

阶段	序号	任务名称	开始时间	完成时间	备注
方案设计	1	建筑方案设计			项目部需对方案进行测算，估算要在合同价以内
	2	报修详规及批复			—
	3	详勘阶段及报告			需修详规批复、设计院提供详勘布点图
	4	基坑支护设计及审查			需修详规批复、详勘报告
初步设计	1	初步设计			依据常规做法，设计院需提交初步设计概算
	2	设计概算编制			—
	3	设计概算报审			项目部编制概算并按照建设单位及政策要求上报概算
	4	基础施工图及审查			若采用桩基础，在正式出桩基图前需提供试桩报告及详勘报告，事前沟通项目图审单位审查标准，基础图通过审查单位审核后再组织现场施工
施工图设计	1	施工图设计			—
	2	施工图预算及预算报审			项目施工图报甲方确认前完成预算编制，预算不超概算
	3	施工许可证办理			按项目所在地程序办理

2.EPC 项目设计策划流程

结合设计进度计划和商务管控要点编制方案设计阶段中标的 EPC 项目设计

策划流程，如表 4-5 所示。设计策划流程由 EPC 项目部编制，在项目实施阶段依据设计策划流程推进各项工作。

（1）初步设计阶段和施工图阶段先不考虑装修和园林专业的出图计划，待项目概算、预算核算准确后，根据分配的成本调整装修和园林专业图纸，装修和园林作为成本的调整专业，最后出图。

（2）设计进度管控的风险点在于项目造价核算的及时性与准确性，在造价数据符合限额设计要求后，才能开展下一步设计工作。

设计策划管控流程表 表 4-5

序号	设计阶段	主要事项	预计工期/天	完成时间
1	设计准备阶段	根据工程总承包合同、可行性研究报告、招投标资料编制项目管理大纲，明确项目投资管控、设计管理及风险管控思路		
2	编制限额指标	根据签约合同价、财政批复的投资限额（如有）编制符合工程投资管控的限额指标		
3	方案设计	根据工程总承包合同、设计任务书、使用需求书完成方案设计		
4	方案设计评审	投资概算超出限额规定则重新修改方案，符合投资控制要求再上报审批		
5	超估算解决方案确认	减少新增需求，优化设计方案，经济测算与方案调整同步进行		
6	初步设计	方案设计审批通过后开展初步设计		
7	初步设计图纸审查	初步设计图纸提交第三方咨询单位审查		
8	超概算设计优化意见	复核限额设计指标落实情况，梳理造价超标专业内容，编制设计优化清单，消除超概算问题		
9	超概算解决方案确认	根据建设单位确认意见调整图纸并测算是否满足限额要求		

续表

序号	设计阶段	主要事项	预计工期 / 天	完成时间
10	施工图利润项规划	在具备建筑功能和满足使用需求后，在概算不超的前提下，合理规划施工利润		
11	土建施工图设计	解决了超概算问题后方可启动施工图设计，项目部及时编制施工图预算		
12	施工图设计审核与调整	设计院图纸应达到限额设计要求，项目部组织开展设计图纸联合审查		
13	土建施工图外审	预算不超概算后再报建设单位确认并报图审单位审查		
14	装修、园林施工图设计	根据土建专业造价指标确定装修园林限额，建设单位确认后启动设计		
15	装修、园林图纸调整	造价核算符合要求再上报审核，若超限额则应及时调整设计		
16	装修、园林施工图外审	通过调整装修与园林造价将施工图预算控制在合同价限额内		
17	二次深化设计	组织专业分包单位和技术人员深化施工图纸，提升品质，减少设计变更		
18	后评估及案例收集	对投资控制、进度控制、质量控制、信息管理、安全管理、合同管理、组织协等工作进行总结和评价，汇编项目管理案例		

4.2.3 设计优化策划

从成本管控和方便施工的角度对设计方案进行优化，设计优化综合考虑方案对工期和成本的影响，设计优化既要合理地缩短工期，又要减少项目不必要的成本投入。通过合理的优化措施和相对准确的造价测算为设计过程提供指导意见从而达到控制 EPC 项目投资的目的，结合项目优化经验列举部分优化方向。设计优化方向参见表 4-6。具体项目要根据实际情况编制设计优化清单，推动项目设计优化工作。

设计优化方向　　表 4-6

序号	设计优化方向	设计做法	优化做法	效益分析	备注
1	地下室面积优化				
2	地下室层高优化				
3	柱网优化				
4	人防工程优化				
5	基坑支护方案优化				
6	地基基础方案优化				
7	结构设计参数优化				
8	电气专业设计优化				
9	给排水专业设计优化				
10	暖通专业设计优化				
11	装饰装修设计优化				
12	幕墙设计优化				
13	智能化设计优化				
14	园林景观专业设计优化				
15	其他专项设计优化				

4.3 EPC 项目商务管理策划

1. 商务风险分析与应对

项目中标后，商务管理人员与技术人员对可行性研究估算、可行性研究估算批复、招标控制价、签约合同价等基础资料费用组成进行分析，通过对比各个阶段费用组成及同类项目单方造价指标初步评价项目是否有投资风险，针对有投资风险的项目制定有效的应对措施，商务分析内容及风险应对措施见表 4-7 和表 4-8。

商务条件分析表 表 4-7

投资分析	总费用 / 万元	工程费用 / 万元	设计费用 / 万元	其他建设费 / 万元	预备费 / 万元	单方造价 / 万元	备注
可行性研究估算							
可行性研究估算批复							
招标控制价							
签约合同价							

商务风险分析及应对措施 表 4-8

项目类别 商务策划	本项目	同类型项目	备注
单方造价指标			
风险分析			评判是否投资风险
项目投资风险解决方案	分析项目资金来源及建设单位性质		
	分析项目变更事项及原因		
	说明预备费使用策划		
	说明暂列金使用策划		
	项目调概算的可能性策划		
	列举可能的结算风险及应对措施		
项目商务管理整体思路	概（预）算总控思路		
	超概算风险的应对措施或管理思路		

2. EPC 项目造价数据

收集项目各个阶段的造价数据，了解项目造价增减情况，为后续的造价管理提供指导意见。造价数据统计情况（可根据实际情况选取）参见表 4-9。

EPC 项目造价数据 表 4-9

序号	名称	金额 / 万元	备注
1	投资估算		来源：可行性研究报告
2	招标控制价		来源：招标文件

续表

序号	名称	金额 / 万元	备注
3	暂定合同额		来源：总包合同
4	修正合同额		来源：总包修订合同
5	概算金额		根据初步设计测算
6	修正概算金额		根据扩初设计测算
7	预算金额		根据施工图测算

4.4 EPC 项目报批报建管理策划

项目部设专职报建人员，在项目报建工作开展前，收集项目所在地报建事项的资料清单、报建流程及报建涉及的相关管理部门联系人员信息，开列详细的报建事项清单。报建关键工作策划参见表 4-10。

报建关键工作策划表 **表 4-10**

序号	关键工作	所需资料清单	开始时间	计划完成时间	实际完成时间
1	选址意见书核发				
2	建设项目用地预审				
3	建设用地规划许可证				
4	建筑设计方案审查				
5	工程规划许可证				
6	施工许可证办理				

4.5 EPC 项目采购管理策划

根据招标文件对项目所有物资、设备进行询价并做好品牌推荐和品牌库建立工作。 编制采购计划、拟定采购合同，为项目顺利实施提供物资和设备保障，同时做好现场仓库管理等工作。

（1）物资设备品牌库（仅供参考，应根据招标文件罗列）参见表 4-11。

物资设备品牌库　　表4-11

<table>
<tr><th>序号</th><th>材料设备类别</th><th>档次</th><th>参考品牌</th><th>备注</th></tr>
<tr><td>1</td><td></td><td></td><td></td><td></td></tr>
<tr><td rowspan="3">2</td><td rowspan="3"></td><td>A</td><td></td><td></td></tr>
<tr><td>B</td><td></td><td></td></tr>
<tr><td>C</td><td></td><td></td></tr>
<tr><td rowspan="2">3</td><td rowspan="2"></td><td>A</td><td></td><td></td></tr>
<tr><td>B</td><td></td><td></td></tr>
</table>

（2）重要物资设备询价计划（根据重要物资罗列）参见表4-12。

重要物资设备询价计划　　表4-12

序号	材料设备类别	询价开始时间	询价结束时间	责任人
1				
2				
……				

市场询价工作在方案设计阶段启动，询价结束后项目需留存询价结果表，作为设计阶段的优化依据，主动向建设单位和设计单位推荐性价比高的材料和设备。

第5章 EPC项目计划管理

5.1 计划管理的目的

EPC项目建设过程要以计划管理为主线，建立分级管理制度，通过管控各个阶段的流程和目标，落实项目管理措施，促进项目达成履约目标。

5.2 项目各阶段管理流程

5.2.1 项目投标阶段

企业的经营和投标部门在收集招标项目相关资料后便可进行工程总承包项目的投标工作，其中投标阶段的主要工作包括投标报名、购买招标相关文件、标前评审、项目投标文件的编制、投标文件递交、投标保证金缴纳、接收中标通知书等。标前评审会对项目投标的资质要求、工期、规模、技术可行性、合同价格形式、评分办法等进行综合分析并确定是否参与投标。

5.2.2 项目合同签约阶段

工程总承包项目在收到中标通知书后进入合同签约阶段，该阶段的主要工作包括合同的起草、谈判、评审、签订以及提供履约保函（保证金）等。

5.2.3 项目管理策划阶段

项目合同评审通过或合同签订后进入启动策划阶段，该阶段的主要工作包括项目经理部及其团队的组建、管理目标责任书的签订、项目启动会议的召开、项目管理计划与实施计划的编制等。

（1）EPC项目经理部及其团队的组建：总承包企业应根据项目类别、特点、

合同以及投标文件的要求选择合适的项目经理，同时项目组织架构以及项目人员的选择也应按照项目管理标准确定。项目部基本岗位包括项目经理、项目总工（项目技术负责人）、设计经理、工程经理以及各类工程师等。项目部组织架构及团队人员需企业人事部门确定和任命。

（2）项目管理目标责任书签订：项目部按照项目合同内容和管理目标与企业签订项目管理目标责任书。责任书的内容包括项目质量、进度、HSE①、结算等管理目标，双方的权利、责任与义务，以及与项目考核与奖惩相关的内容。

（3）项目启动会议：一般包括 EPC 合同和全过程项目管理的交底，对工程概况、工程总体计划、主要利益相关方、项目管理目标责任书以及对项目重要技术质量问题、存在的风险与应对措施等相关内容的研讨和分析。

（4）项目管理策划与总进度实施计划的编制：项目管理计划与实施计划的编制工作由 EPC 项目经理部负责组织开展。项目管理计划与实施计划需经批准方可实施，计划内容包括项目设计、采购、施工等全过程工作。项目实施计划的编制工作需以项目管理计划为依据，项目实施计划经建设单位确认后可作为项目部实施管理的操作性文件。项目经理应及时组织项目部人员完成项目管理计划以及计划交底工作。

5.2.4 项目实施阶段

项目实施阶段主要工作包含勘察设计、采购、施工、验收等内容。

1. 工程总承包项目勘察设计阶段

勘察设计主要工作包含勘察及报告、方案设计文件、初步设计文件以及施工图设计文件编制等。勘察设计阶段的沟通管理由项目设计经理统筹，设计经理要组织项目技术人员参与勘察和设计管理工作，提升技术人员的专业管理水平。监理进度计划由设计经理组织编写并经项目经理审核通过后再与建设单位、监理单位沟通确认，形成满足参建各方需求的设计计划。EPC 项目经理部应将限额设计工作贯穿整个项目设计过程，在总承包合同条款中约定限额设计要求，全面管控项目投资。为确保工程质量，设计文件以符合现场实际和便于施工为原则，总

---

① HSE 是健康（health）、安全（safety）和环境（enviromental）管理体系的简称。

承包企业应参与施工图设计管理，这样有助于将提升工程质量、安全，加快施工进度的措施融入施工图纸，协助施工图审查和图纸深化相关工作。

2. 工程总承包项目采购阶段

工程总承包项目采购工作应结合设计文件的深度合理开展，采购工作一般包括确定采购需求（包含质量标准、技术参数、需求数量等），编制采购招标文件及技术标准，采购招标工作，组织签订采购合同并进行交底，采购合同的执行、评价以及总结等。

3. 工程总承包项目施工管理阶段

工程总承包项目建设过程主要内容有工程开工、工程进度管理、专业分包单位管理、施工现场管理、安全管理、质量管理和验收等，施工过程要抓质量保安全促生产，完成项目履约目标。

5.2.5 项目收尾阶段

项目收尾阶段主要工作有以下几点：

（1）现场清理及移交：由 EPC 项目经理部组织完成现场清理及移交工作，主要包括现场场地及道路清理、临时设施拆除、移交租用或占用的临时场地。

（2）竣工结算：EPC 项目经理部根据相关图纸、现场签证、索赔及设计变更等资料完成竣工结算报告编制后应上报到企业相关部门审核，经企业审批通过后的结算文件再上报监理、咨询以及建设单位审核，竣工结算通过政府相关部门审批后，EPC 项目经理部组织项目尾款催收工作。

（3）竣工资料移交：EPC 项目经理组织项目管理人员在项目竣工验收通过后开展项目竣工资料的编制工作，工程总承包单位负责整理和汇总各分包单位资料，形成项目完整的竣工资料。竣工资料整理完善后，EPC 项目经理部应向建设单位报送一套符合规定的建设工程资料，同时向建设单位提交使用说明书及工程保修书。

（4）经验总结：工程实践作为工程总承包企业积累管理经验的重要途径，EPC 项目经理应在项目施工任务结束后组织项目部全体成员开展交流学习活动并编写总结报告，报告应涵盖项目设计、进度、质量、安全、合同管理及投资管控等方面的内容，综合评价项目分包单位、供应商的专业水平、服务质量和履约能力，提炼可推广和复制的管理经验，提升工程总承包商的服务水平和管理能力。

（5）工程保修与回访：企业在项目移交后应组织缺陷修复和质量保修工作，在缺陷责任期满后及时与建设单位沟通返还质保金，建立工程回访机制来提升企业售后服务水平，提高客户对企业的满意度。

5.3 项目经理部计划管理的职责

（1）以项目总进度计划及《项目策划书》为基础编制各项工作实施计划。

（2）督促各类计划工作的执行，及时预警。

（3）定期分析、及时纠偏，严格落实纠偏措施的执行工作，避免非关键线路向关键线路转化。

（4）每月编制《项目经理月度报告》并上报到总部审核。

（5）按月对项目计划执行情况进行考核并通报考核结果。

（6）与相关单位、部门及管理人员保持良好沟通并保障信息沟通渠道畅通。

（7）通过项目管理信息平台对项目各类计划实行系统化、信息化管理和控制。

（8）按级别对项目各类计划实行分类归档并及时更新。

5.4 计划的分级管理

项目计划管理宜分四级管控，建立涵盖工程总承包项目全过程的计划管理体系，为实现管理目标，计划的制定应体现设计、报批报建、采购与施工之间的融合管理以及统筹协调进度、费用、对采购和质量等方面的控制，四级计划管控体系参见表 5-1。

四级计划管控体系 　　　　表 5-1

序号	控制层级	类别项目	主要内容	作用	是否允许偏差
1	企业总部	一级计划	外部环境需求（手续、设计图纸）；重要节点、里程碑事件；确定关键线路；主要专业分包需求，进（退）场时间；主要设备的需求，进（退）场时间；项目总控制目标	与建设单位达成共同目标，形成各方管理依据，明确各方管理责任	否

续表

序号	控制层级	类别项目	主要内容	作用	是否允许偏差
2	企业总部	二级计划	二级总进度计划是对总控进度计划的进一步深化，主要是在分部工程计划的基础上细化至分项工程深度；同时制定年度工作目标；明确年度关键线路和关键工作；明确年度专业分包、机械设备、物资进（退）场时间	明确了各分项工作的开始和结束时间，明确了关键线路上有哪些分项工作；提供了年度工作期内的工作依据；细化分解总进度计划；年度工作期内专业分包、机械设备、物资进（退）场时间	否
3	企业总部	三级计划	明确月度工作任务量；明确月度各项工作起止时间；明确各专业工作界面；明确各专业工序穿插配合内容、方式；明确物资、设备到位的准确时间、存放地点；明确各工序技术要求；明确质量标准及各项工作环境安全标准	指导各项工作的具体实施；防止非关键线路向关键线路转化；细比年度（重要节点）计划；明确项目计划管理的关键	否
4	项目部	四级计划	明确作业班组周（旬）工作任务量、目标；明确作业班组周（旬）工作界面和工作交接流程；明确专业班组间配合内容；明确作业班组周（旬）工作的人员、物资需求	具体指导各专业班组工作；细化三级计划	允许，但是要纠偏

5.5 计划的分类管理

（1）计划管控可依据不同计划特点实施分类管理，计划分类事项参见表 5–2。

计划分类表 　　　　**表 5–2**

序号	计划分类	内容
1	资源类	项目人员配置计划、项目物资采购计划、项目劳动力资源配置计划、项目施工机械设备采购计划、项目资金使用计划、项目工程款收（付）计划等

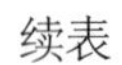

续表

序号	计划分类	内容
2	实施类	项目方案编制计划、项目施工进度计划、项目报批报建计划、设计/深（优）化管理计划、成本控制计划、项目创优计划、项目质量计划、项目安全管理计划、项目劳务分包使用计划、项目专业分包采购进（退）场计划、项目设备进（退）场计划、项目平面管理计划、项目环境管理计划等
3	验收类	分部/分项验收（节点）计划、专项验收计划（节能验收、消防验收、人防验收、隐蔽工程验收、规划验收、分户验收、海绵城市验收、竣工验收、备案、移交）等

（2）项目部应明晰各类计划编制、相关部门及责任人。计划管控分工情况参见表 5–3。

计划管控分工表　　表 5–3

序号	计划名称	相关部门	编写人	责任人	控制级别			
					一级	二级	三级	四级
1	项目部实施计划	工程管理部、项目部	各部门负责人	项目经理	√			
2	施工进度计划	工程管理部、项目部	项目总工、生产经理	项目经理	√	√	√	√
3	人员配置计划	所有部门	项目经理	项目经理	√			
4	设计/深（优）化计划	设计管理室、技术质量室	设计经理	设计经理	√	√		
5	报批报建计划	设计管理室、技术质量室	技术主任	项目总工	√	√	√	√
6	方案编制计划	设计管理室、技术质量室	项目总工	项目总工	√	√	√	
7	质量管理计划	技术质量室、工程管理室	项目总工	项目总工	√	√	√	
8	成本管理计划	商务合约室、财务室	商务经理	商务经理	√	√	√	

续表

序号	计划名称	相关部门	编写人	责任人	控制级别			
					一级	二级	三级	四级
9	资金使用计划	商务合约室、财务室	商务经理	项目经理	√	√	√	
10	物资、设备采购计划	技术质量室、工程管理室、材料室、商务合约室	物资设备部	商务经理	√	√	√	√
11	专业分包进（退）场计划	技术质量室、工程管理室、商务合约室、材料室	生产经理	生产经理	√	√	√	√
12	劳务管理计划	工程管理室	生产经理	生产经理	√	√	√	√
13	平面管理计划	技术质量室、安全室、工程管理室	项目总工 / 生产经理	项目经理	√	√	√	

5.6 计划编制及实施要求

计划管理相关内容及实施要求参见表 5-4。

计划管理内容及要求　　表 5-4

序号	内容	要求
1	计划的编制意义	（1）分解项目目标，明确权责利关系，落实工作计划，按部就班实施工程建设。 （2）推动相关单位（含建设单位）为计划实成奠定基础
2	计划编制原则	（1）在合同约定范围内制定各级计划内容及时间节点。 （2）各分部分项工程应体现于各级计划中且具有逻辑性。 （3）各级计划应明确深化设计、材料资源准备、专业分包合同签订及进场等工作的起始时间。 （4）各部门应以四级计划要求为基础编制贯穿整个项目工期且紧凑合理的工作计划并予以实施

续表

序号	内容		要求
3	项目部实施计划		（1）项目部应组织各部门以总进度计划要求为前提编制对设计、采购、施工等具有指导性意义的管理计划。 （2）项目部各部门在施工过程中根据项目部实施计划要求进行工程建设，并对项目的实施情况进行检查和纠偏
4	四级计划的编制深度要求	一级计划	一级计划应明确各分部工程及相应阶段 / 节点的开始及结束时间
5		二级计划	二级总进度计划是对总控进度计划的进一步深化，主要是在分部工程计划的基础上细化至分项工程深度，必须包含以下内容： （1）准备工作计划：明确为实现年度计划所必需的人、材、机、方案、资源等方面的计划安排及相关责任人。 （2）实现计划：明确为实现当年计划的各分部分项及关键节点的起始时间、年末所达到的形象进度。 （3）验收工作计划：明确年度计划中各分部分项工程或节点验收计划安排及责任人
6		三级计划	三级计划是项目设计、采购、施工阶段性计划，包含以下内容： （1）准备工作计划：明确为实现下月计划所必需的人、材、机、资源配置等工作的计划安排及相关责任人。 （2）实体工作计划：明确各施工阶段、各分部分项工程相应楼层 / 系统的施工起始时间及月度周期末所达到的形象进度。 （3）验收工作计划：明确总进度计划中各分部分项工程或分部工程节点及计划验收的各分项工程的计划安排及相关责任人
7		四级计划	四级计划是项目设计、采购、施工的操作计划，包含以下内容： （1）准备工作计划：明确为实现下周计划所必需的人、材、机、方案、资源等工作的计划安排及相关责任人。 （2）实现工作计划：明确各施工段、各楼层的各分项工程的开始及结束时间。 （3）验收工作计划：明确月计划中各分部工程或分部工程节点、隐蔽验收的计划安排及相关责任人
8	工作计划编制说明		各部门按照实施计划要求编制包含准备计划以及验收计划的一级 / 二级 / 三级 / 四级工作计划并予以实施，计划工作应细化到每一个岗位，共同推动工程目标实现，达成项目履约的目的
9	准备计划		准备计划应包含人、材、机、法、环境、资料准备、资源（财务）等内容

续表

序号	内容	要求
10	实体计划、验收计划的编制内容	（1）人：分包进场计划、招标、合同签订、分供商进场、工人合同（安全协议）、劳动力进场、安全教育、劳动力退场。 （2）材：材料 / 设备选型、材料封样及确认（含样板制作及确认）、材料 / 设备计划、材料 / 设备招标、材料 / 设备进场、材料 / 设备试验。 （3）机：选型、招标、进场、安装、验收、维保、报停、拆除、退场。 （4）法：图纸移交、图纸会审、设计变更、工程洽商、深化设计；施工组织、专项方案、方案交底、专家论证。 测量：基准点交接、标高抄测、抽线布网、平面验线等。 试验：试验计划、试验室确定、试验器具、现场试验。 （5）环境：现场道路、周边环境及关系协调、季节性施工措施落实、敏感时段（夜间、重大活动、法定节假日）施工许可、临时设施。 （6）工作面：平面布置、场地移交、工作面移交等。 （7）资料：分部分项验收检验批、节点验收前的资料准备、竣工资料、竣工资料移交、报批报建手续（工规证、施工图审查、施工许可证等）、竣工图纸等。 （8）资源：永久用水、永久用电、燃气等资源引入。 （9）其他：规范标准、新技术应用推广等
11	工期滞后原因分析	项目应详细分析各级计划滞后原因并采取相应措施进行纠偏

5.7 全生命周期节点管理

5.7.1 责任分工

各部门应严格落实各项计划的编制与执行工作，各部门责任分工参见表 5–5。

责任分工方案 **表 5–5**

序号	涉及部门	责任分工
1	总部 EPC 管理机构	（1）制定项目进度管控制度，对工程进度管控系统进行维护。 （2）组织编制全生命周期节点计划（以下简称“主项计划”）模板并定期更新、补充及优化，协助区域项目完成主项计划的编制。 （3）帮扶项目及时编制主项计划，并定期监控上线情况。 （4）落实项目主项计划中里程碑以及一级、二级节点的执行，对各级节点时间的调整申请进行审核批准。 （5）定期召开专题会议，通报各项目计划完成情况并排名

续表

序号	涉及部门	责任分工
2	总部其他业务部门	（1）协助项目编制、更新主项计划的相关职能节点。 （2）负责主项计划中的相关职能工作项或协同完成
3	项目部	（1）根据计划模板按期编制项目里程碑以及一级、二级和三级计划。 （2）根据计划系统要求如实、准确、及时填报成果（里程碑节点）。 （3）落实项目主项计划及专项计划节点的各项工作，通过管控、纠偏、调整等措施确保项目总体计划的实现

5.7.2 计划的编制与上线

1. 主项计划的分类

主项计划按照项目推进程度划分为以下阶段：

（1）中标前主项计划：项目中标前所执行的主项计划，主要包括招标文件获取、投标文件编制、投标文件递交、投标保证金缴纳等工作的计划，为项目投标做好准备工作。

（2）中标后主项计划：分析项目可行性研究报告及批复文件、工程总承包合同，沟通合同条款相关事宜，根据合同条款相关内容制定项目工作实施计划。

2. 主项计划的编制要求

项目中标后，启动里程碑计划确认工作，与建设单位相关负责人确定项目建造计划里程碑。建设单位未明确的，由项目自行确定，但必须设置合理，促进项目履约。

项目中标后，项目经理组织设计经理、商务经理及项目总工编制主项计划，项目部相关业务部门对计划的完整性和可实施性进行检查和修改，主项计划编制完成后提交至总部相关部门及分管领导审批，将审批通过的主项计划作为计划管控依据。

5.8 全生命周期计划管理考核

5.8.1 考核对象

工作任务分解到每个人，按照专人专岗原则进行考核。项目建设全过程涉及总部部门及项目部，总部考核对象为部门负责人及部门对应业务人员，项目部以项目经理作为第一责任人，项目部其他人员如项目总工、商务经理和工程经理等对应承担考核指标。

5.8.2 考核触发点

对项目的考核触发点：总部负责考核部门无须等待里程碑节点计划是否审批通过，在项目收到中标通知书后自动进入项目里程碑节点计划的考核工作。

5.8.3 各层级节点权重分值表

进入项目里程碑节点计划考核工作后应按照各节点权重分值表对项目各节点进行考核。各层级节点权重分值参见表 5–6。

各层级节点权重分值　　表 5–6

序号	节点类别	标准分值
1	里程碑：工程总承包合同签订、建筑工程施工许可证办理、主体结构封顶、竣工验收	50 分 / 节点
2	一级节点、重点工作项	5 分 / 节点
3	二级节点	2 分 / 节点
4	三级节点	1 分 / 节点

5.8.4 节点的考核计分

以红、黄、绿亮灯形式对节点完成情况进行评判，根据评判标准对相应节点的权重分值给予奖励或扣除，最后汇总节点得分。表 5–7 为某节点考核具体计分细则。

计分规则表　　表 5–7

节点标准分值	绿灯（分值）	黄灯（分值）			红灯（分值）
		延误 10 天	延误 15 天	延误 20 天	
A	A	A × 80%	A × 50%	A × 30%	0

5.8.5 节点逾期考核

1. 项目计划管理业绩的计算办法

$$节点完成率 = \sum 各节点实际得分 / \sum 各节点标准分值$$

2. 计划管理奖罚原则

奖罚原则：结果导向，奖罚并举，针对节点完成率情况进行奖罚。

奖罚对象：EPC 项目部各节点指标负责人。

计算规定：对各项目的计划管理情况进行排名，对节点完成率高于 90% 的项目进行通报表扬，对节点完成率低于 75% 的项目进行通报批评。

第6章

EPC项目设计管理

EPC工程设计管理贯穿于项目开发建设的全过程，设计管理的任务是由市场产品定位和建设单位开发计划决定的。设计管理主要负责方案设计、初步设计、施工图设计等阶段的技术工作，还包括设计图纸的审查与优化、项目报批报建过程的配合、施工过程的技术支持。

6.1 设计管理目的与方法

设计管理的目的是通过有效的管理措施，使EPC项目出图进度满足现场施工生产的需求、图纸质量符合规范要求、项目成本控制在投资限额以内，为项目的建设和使用增值。

设计工作实行分阶段管理，即对每个设计阶段按照策划、实施、检查、处理的方法进行管控（PDCA循环管理），为建设单位提供投资目标可控的建筑设计方案，将建设单位的使用需求全面、完整、精细化地体现在蓝图中，把设计方案打造为最佳的建筑设计作品，实现参建各方管理目标。

6.2 设计管理体系

工程总承包企业总部组建专业化的设计管理机构，为EPC工程提供专业化的设计咨询和管理服务，EPC项目部配置专职的设计管理岗，通过总部和项目部两级设计管理体系，全面推进EPC工程的设计管理工作。

6.2.1 EPC项目部设计管理人员配置原则

专职设计管理人员的配置应依据项目合同金额确定，其中：

合同金额≤5亿元，宜配置专职的设计管理人员。

5 亿元＜合同金额≤ 10 亿元，宜配置设计经理、设计管理专员。

合同金额＞ 10 亿元，宜配置设计总监、设计经理和设计管理专员。

6.2.2 设计管理人员岗位职责

1. 设计总监

（1）负责贯彻落实国家和企业各项规章制度、方针及政策要求。

（2）结合项目实际情况，编制项目的限额设计指标，落实限额设计工作。

（3）负责推行 EPC 项目设计工作的标准化管理。

（4）负责 EPC 项目设计阶段的优化工作，配合项目与政府职能部门的工作联系与沟通。

（5）负责概念设计、方案设计、初步设计、施工图设计、专项设计的评审工作。

（6）配合造价人员控制项目投资，组织设计优化工作。根据造价人员提供的 EPC 项目投资估算、初步设计概算和施工图预算的造价指标分析意见，组织项目部技术人员开展设计优化工作。

（7）督促设计目标和计划的实施，及时发现项目设计问题，并制定相应的改进措施。

（8）建立和维护与相关业务单位之间的公共关系。

（9）建立项目设计单位和设计专家资源库。

2. 设计经理

（1）负责统筹 EPC 项目设计阶段的规划、建筑、结构、机电、园林、装修、专项设计的管理工作。

（2）负责 EPC 项目各专业的设计进度，协调各专业设计师的工作。

（3）分析 EPC 项目可行性研究报告、工程总承包合同、设计任务书、使用需求书、交付标准等基础资料，编制设计实施阶段的成本管控方案。

（4）负责评审 EPC 项目的方案设计、初步设计、施工图设计。

（5）负责制定规划、建筑、结构等专业的设计成本管控要点与流程。

（6）协助其他部门解决设计相关问题，如商务、成本、报批报建、现场施工等。

3. 专职设计师

（1）编制设计施工采购总进度计划，与建设单位、监理单位沟通确认后，通过计划时间节点管控项目设计进度。

（2）依据总部限额设计指标库，编制符合项目实际的限额设计指标。

（3）依据企业内部管理要求，负责设计成果文件上报。

（4）负责与设计单位、建设单位的技术沟通和对接事宜。

（5）配合其他部门解决相关的设计问题，如商务、成本、报批报建、现场施工等。

6.3 设计管理流程

工程投资 80% 以上是由设计工作直接决定的，对设计阶段实行流程化管理可以有效管控项目设计质量和工程投资，及时发现问题并采取应对措施。EPC 项目设计工作重点管控的阶段为方案设计阶段、初步设计阶段和施工图设计阶段。设计阶段审批流程参见附录 A 至附录 C。

设计管理的每个阶段都是承上启下、动态调整的过程。每个阶段的设计文件首先由成本专业人员进行测算，测算结果满足成本管控要求再进行下一步工作；若测算结果超出成本管控目标，则启动设计优化工作，设计管理人员提交设计优化方案，造价人员测算费用，在满足设计规范的前提下，按照“测算→核算→优化”步骤循环管控。

设计管理的流程是 EPC 项目部、总部和设计单位之间的循环沟通过程，设计单位提交设计文件，EPC 项目部组织技术人员对设计文件开展技术审查，对存在技术问题的设计内容，要求设计单位调整，对造价超标部分内容及时核对并调整设计，EPC 项目部造价人员进行造价核算，确保 EPC 项目造价可控，降低超概算风险。

6.4 设计管理标准

为提高项目设计管理的效率和可操作性，设计管理应标准化，具体表现为四个方面：设计管理流程标准化、设计要素及要点标准化、图纸审查标准化、评审标准化，实现预算不超概算、概算不超估算、估算不超合同签约价的造价管控目标。

（1）设计管理流程标准化。在项目不同的设计阶段，将设计管理过程中需要管理的动作要点进行细化，建立标准的设计管理流程。具体设计管理流程图详见本章 6.3 节。

（2）设计要素及要点标准化。对于具有可复制性的商品房、安置房和公寓项目，参考以往同类型项目的经验总结材料和管理案例，建立基本要素要点设计标准化的体系，以便在设计方案阶段能快速、准确地抓住建设单位的基本需求。

（3）图纸审查标准化。是指各个专业（建筑、结构、岩土、设备和装修等）根据自身专业特点在不同设计阶段确定相关设计成果审核重点和关注点，形成 EPC 项目设计管理图纸审查的标准化文件或者表格，详见附录 D。在设计的三个阶段（方案、初步设计、施工图设计）套用不同的图纸审查文件或者表格实现标准化审图，将图纸审查工作标准化，从而提高审图质量和效率。

（4）评审标准化。是根据设计成果重要程度，建立分级评审决策标准化机制，确保设计成果评审的效率、科学和合理性。制定确切的设计评审要点，建立两级评审决策机制，明确决策参与的主体和部门。一级评审：总部相关领导通过审批系统对 EPC 项目部上传的设计阶段成果进行评审和确认。二级评审：EPC 项目部通过设计成果评审会、汇报会或讨论会对不同设计阶段的成果进行管控和决策。设计评审项参见表 6–1。

设计评审 表 6–1

评审项								
评审结论	规划方案	单体方案	立面方案	精装方案	景观方案	地下室方案	基坑支护方案	结构选型
评审级别	一级	一级	二级	二级	二级	一级	二级	二级
评审建议								

6.5 设计输入管理

EPC 项目在启动前需做好设计输入管理工作，通过设计输入实现 EPC 项目的协同管理，挖潜设计能力，达到设计创效的管理效果。

6.5.1 设计输入内容

对于 EPC 项目，设计输入内容大体包括以下方面：

（1）标准规范输入。项目中标后，技术人员列出项目引用的主要规范标准（可对标相同业态的项目规范），重点关注建筑设计规范、结构设计规范、专项设计规范等要求，提前发现和规避规范更新对项目投资的影响。

（2）设计资料输入。项目启动设计前，项目技术人员要与设计师沟通，检查项目地勘资料、设计任务书、使用需求书、可行性研究报告、政府部门的批复文件以及现场条件资料，分析设计条件不明确而影响设计工作开展的内容。针对设计条件不清楚的地方，及时与建设单位沟通，明确设计条件后再开展工作。

（3）设计单位输入。设计工作启动后，项目部与设计单位和勘察单位建立工作联系机制，明确各个专业负责人及建设单位对设计进度、设计质量的要求，设计是影响项目投资控制和工程品质的关键因素，项目部要积极对接设计单位并将施工需求落实到图纸中。

（4）设计管理标准的输入。分析设计变更条件、投资目标、工期目标、科研目标、 安全目标、进度管理目标，要将管理目标融入设计过程，设计管理标准与管理目标协调发展，做到设计与施工、造价协同工作。

6.5.2 设计输入目的

设计输入资料需要经过参与各方的确认，全面了解和掌握项目需求，规避项目参与方了解的信息不一致和设计条件不明确而造成的设计文件不达标的风险。

完整和准确的设计输入是确保项目顺利推进的必要前提，也是作为牵头方的施工单位实施设计管理的依据。

6.6 项目准备阶段管理

6.6.1 资料收集

在设计准备阶段，项目管理人员要全面收集资料，主要包括可行性研究报告、设计任务书、使用需求书、政府相关部门发布的文件（如可行性研究批复、概算批复、建筑方案批复）、招标文件、投标文件、工程总承包合同、建筑行业规范等。项目部设计管理人员按照资料清单收集和整理。资料清单相关内容参见表 6-2。

资料清单　　表 6-2

描述＼类别	可行性研究报告	可行性研究批复	设计任务书	使用需求书	政府批复文件	招标文件	投标文件	总承包合同	规范更新情况
有 / 无									

6.6.2　资料分析

在 EPC 项目设计准备阶段重点分析商务和设计条件，通过对资料进行梳理和分析，识别项目风险并制定可行的解决方案。

1. 商务分析模块

分析项目可行性研究阶段、可行性研究批复、招（投）标阶段、总承包合同费用组成情况，参见表 6-3。对标公司已经承揽的相同业态项目单方造价指标，对项目的投资情况做出初步评估，确定项目是否存在超概风险。

建设费用分析表　　表 6-3

费用组成					
阶段说明	建设总费用	工程费用	工程建设其他费	预备费	单方造价（建安费）
可行性研究阶段					
可行性研究批复					
招标阶段					
总承包合同					

梳理项目商务条件，梳理内容参见表 6-4。通过整理和分析商务条件，为后续商务管理工作提供指导意见。

商务条件分析　　表 6-4

序号	事项	描述
1	项目资金来源分析	
2	建设单位性质	
3	项目结算标准	

续表

序号	事项	描述
4	暂列金额	
5	预备费	
6	暂估价	
7	调整概算约定	
8	变更约定	

无超概算风险项目：由商务经理牵头，组织全体造价人员和技术人员开展控制成本方案研究工作，梳理符合项目实际情况的优化清单，引导设计人员朝着降低成本的方向设计。

有超概算风险的项目：由项目经理牵头，组织全体造价人员和技术人员分析项目基础资料，确定造价超标部分的设计内容，研究降低投资的可行方案，指导设计单位开展限额设计。

2. 设计分析

与建设单位对接，充分了解建设单位需求。对于有设计任务书和使用需求书的项目，要分析建设单位需求和可行性研究文件是否一致，有无增加的功能和需求，如果增加了较多的功能和需求，则要参考造价人员的造价指导意见，如有超概算风险则要从减少投资的角度去设计；对于建设单位没有设计任务书和使用需求书的情况，项目部要牵头组织设计单位和建设单位沟通和对接，从投资控制和方便施工方向协助建设单位编制设计任务书和使用需求书。

对比可行性研究报告、总承包合同、政府批复文件的技术经济指标增减情况，识别项目投资风险。技术经济指标分析参见表 6-5。如造价人员分析确定项目投资已超出约定的限额，则以规划设计条件为依据，合理压缩技术经济指标，如重点分析如何降低地下室停车数量，依据项目所在地的城市规划管理技术规定合理提高地面停车比例。在不影响地面交通组织的前提下提高地面停车比例可以有效减少地下室面积。

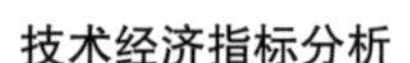
技术经济指标分析 表 6–5

技术指标								
阶段说明	总建筑面积	计容面积	非计容面积	地下室面积	地下车位数	地下室单车位面积	地面停车数量	地面停车比例
可行性研究阶段								
可行性研究批复								
招标阶段								
总承包合同								

根据设计文件报审情况，制定设计管控方案。对于初步设计招标的 EPC 项目，设计工作开展前核实项目方案报审情况，如方案报审通过了，原则上扩初后进行施工图设计，但对于有投资风险的项目要争取重新调整方案的机会，由造价人员给出造价数据，技术人员给出可行的设计优化方案，以造价测算结果结合解决方案的形式向建设单位汇报， 在建设单位明确指导意见后再组织设计工作；对于进行方案招标的 EPC 项目，在方案未报规划局审查且未深化的情况下，项目技术人员和造价人员要对方案开展联合审查和分析，如果存在超概算风险则要制定化解超概算风险的方案。

6.7 设计实施过程管理

设计过程是落实投资控制的关键环节，设计阶段做到有图必有测算，方案阶段的投资估算不超合同总价，初步设计概算不超投资估算，施工图预算不超初步设计概算，从源头上控制项目投资超概算风险。为了保证 EPC 项目管控的高效化、标准化和规范化，在设计实施过程管理中重点管控 EPC 项目的方案设计阶段、初步设计阶段和施工图设计阶段的工作。其中，EPC 项目不同专业设计各阶段工作分解参见附录 E，设计管理事务清单参见附录 F，设计过程中方案比选分析参见附录 G，设计策划流程图参见附录 H。

6.7.1　方案设计阶段

1. 规划总图及建筑单体方案设计

在概念方案确认后，由设计单位深化规划总图及单体方案，细化方案技术经济指标、总图平面布置和立面风格等。EPC 项目部重点对比技术经济指标与可行性研究报告、招标文件及合同约定的指标差异，从项目造价、施工角度审查规划总图及建筑单体方案。

2. 地下室方案比选

层高和面积是影响地下部分建造成本的关键因素，方案阶段重点对地下室方案的轮廓线、单车位面积、埋深、柱网、层高、坡道、车道、人防设计等进行经济性对比分析，项目部与设计单位沟通并提交符合项目实际的《地下车库限额设计指标》作为地下室方案的管控依据。地下室方案采用经济柱距指标并控制单个车位面积，同时严格控制地下室层高。

3. 基坑支护方案比选

EPC 项目部组织设计单位完成基坑支护方案比选工作，对于复杂基坑方案及时组织专家论证，方案应具有施工的可行性，应能满足工程环境所确定的基坑保护等级对基坑水平位移和地表沉降的限制要求，在符合技术要求的前提下，再从技术、经济角度比选确定支护结构形式。

6.7.2　初步设计阶段

1. 工程详勘

建筑工程开展详细勘察工作前需要满足以下条件：

（1）项目取得修建性详细规划（建筑工程方案设计审查）批复。

（2）设计单位提供详勘布点图。

（3）项目已经签订工程总承包合同。

具备详勘作业条件后，项目部组织勘察单位进场钻孔取样，现场取样后需要在实验室完成土工实验，根据实验数据整理编辑详勘报告。项目技术人员要重点审查地基土设计参数、基础设计参数、抗浮水位标高等参数。

2. 基础方案比选

根据详勘报告的地质条件、设计参数和当地实际施工经验情况，初步选择基础方案，主要选择条形基础、独立基础、筏板基础、桩基础（灌注桩、管桩、复

合桩、人工挖孔桩）等形式的基础方案。如采用桩基础则可通过试桩检测结果调整并修正桩长和单桩承载力，桩基检测必须符合《建筑基桩检测技术规范》中关于承载力检测前休止时间的相关规定。

3. 土建初步设计图

在取得修建性详细规划方案批复文件后，设计单位对方案进行深化，充分考虑各项指标要求和现场施工条件，完成土建初步设计图纸并提交对应的概算文件。项目部设计管理人员组织技术人员对土建初步设计图展开技术审查，造价人员同步复核设计单位概算文件的合理性，项目部造价人员与技术人员要密切沟通和联动，对造价超标的设计要及时给出优化建议。

4. 景观设计方案

项目部设计管理人员组织技术人员对景观方案进行审查，包括对景观总平面、绿化分析图及主要基调树种植、出入口标准模块、水电系统、景观构造做法、景观装饰做法、覆土厚度等的审查，其中覆土厚度要综合考虑绿植、地下管线预埋、人防设计要求。

5. 机电方案设计

项目部机电专业技术人员与设计单位沟通确认机电系统、给水排水、空调、电气系统组成及各种设备参数。项目部负责采购人员根据设备参数进行市场摸底、询价，对不同类型设计的参数、性能、采购费用等做对比分析，选择满足使用需求、采购成本较低且适用于项目的设备。

6. 装修设计方案

项目部设计管理人员组织技术人员对装修方案进行审查，包括平面布置、地面布置、顶棚、立面、工艺的合理和舒适性等。造价人员从造价角度分析装修方案，提出利于降低项目建造成本的优化意见，相关意见由项目部设计管理人员牵头与设计单位沟通并落实到图纸中。

7. 专项设计方案

项目部设计管理人员组织技术人员对海绵城市、建筑节能、人防、幕墙、消防等专项设计方案进行审查和比选。

设计幕墙时需要考虑钢材、铝型材、金属板、石材、玻璃、人造板材、密封材料、五金材料等的主要物理性能参数及技术要求；重点审查幕墙的气密性能、水密性能、抗风压性能，遮阳系数、综合传热系数、可见光反射比等热工和光学指标要求，防雷、防火等级及做法，可开启面积比控制值等设计指标。

智能化设计需要审核各子系统的系统结构、系统组成、功能要求、设计原则、系统的主要性能指标及机房位置。

节能设计部分需要重点管控节能材料和传热系数 K 值的选取，关注建筑体型系数。在保证局部方案最优的同时整体设计方案也要合理。

6.7.3 施工图设计阶段

1. EPC 项目出图原则

EPC 项目设计图纸应当满足现场施工需求，做到分阶段出图，具体要求见表 6–6。

出图原则　　表 6–6

序号	工作事项	前置条件			
1	基坑施工	修建性详细规划批复	详勘报告	基坑支护图	图纸审查合格
2	基础施工	修建性详细规划批复	详勘报告	试桩报告（桩基础）	图纸审查合格
3	地下部分施工	地下部分施工图审查合格，取得相关施工许可证			
4	地上部分施工	地上部分施工图审查合格，取得相关施工许可证			

注：若项目所在地政府相关部门允许施工图审查合格证容缺办理，在施工图审查未完成的情况下，由建设单位和设计单位单位出具相关承诺文件，则可办理相关施工许可证。

2. 土建施工图审查及优化

设计单位在初步设计审查意见的基础上，深化初步设计文件，项目部设计管理人员组织技术人员对土建施工图纸进行精细化审查，确保设计图纸符合规范要求和内部预算管控标准，加大对工程做法、装修、园林专业优化的审查力度，确保项目整体投资在可控范围内。

项目部设计管理人员汇总土建施工图评审意见，组织设计协调会议，与设计单位沟通讨论图纸审查意见并将双方认可的修改意见落实到施工图纸上。在施工图满足造价和施工要求后报到图审机构审查，审查合格后的施工图纸作为项目施工、采购、资源配置的依据。

3. 景观施工图审查及优化

项目部设计管理人员收到景观施工图纸后，组织技术人员审查景观施工图的标高设计、排水系统、植物搭配等。对不满足使用功能需求和不符合规范标准的设计内容，及时向设计单位反馈，以保证景观施工图纸满足施工要求且经济适用。

4. 精装修施工图审查及优化

项目部设计管理人员收到精装修施工图纸后，组织技术人员对精装修施工图的排砖方案、墙面、顶棚做法等进行审查。装修与土建要充分沟通对接，规避后期装修施工碰撞问题。对不满足使用和规范要求的部分及时向设计单位反馈，以保证装修图纸满足施工要求且经济可靠。

5. 专项施工图审查及优化

项目部设计管理人员组织技术人员对专项施工图纸（专项图纸涵盖海绵城市方案、绿建节能、人防、幕墙、消防等专业）开展技术审查，审查专项施工图的深度、合理性和可行性，对不满足使用和规范要求的部分及时向设计单位反馈，以保证专项图纸满足施工要求且经济可靠。

6.8 限额设计管理

EPC项目的限额设计就是按照批准的设计任务书及投资估算控制初步设计，根据批准的初步设计总概算控制施工图设计，同时各专业在保证满足使用功能需求的前提下，按分配的投资限额控制设计，严格控制技术设计和施工设计的不合理变更，保证总投资额不被突破。

6.8.1 EPC项目限额设计方法

项目设计启动前，工程总承包单位总部、设计单位及项目部对建设单位提供的设计任务书和使用需求书进行分析，明确建设单位限额工作要求，设计单位在设计过程中始终推行限额设计，对项目投资目标进行合理分配，在初步设计完成时，复核并调整初步设计概算低于投资额；施工图限额设计完成时，确保施工图预算不超初步设计概算，使限额设计贯穿于设计的各个阶段。

6.8.2 EPC 项目限额设计要点

EPC 项目要实现限额设计的管理方式有两点：

（1）要求设计满足建设单位要求的造价指标，即为满足投资或造价的要求限定的投资限制总值，可以理解为在符合设计任务书主要内容的情况下，通过全方位调整规划、设计、施工、管理来达到建设单位提出的投资额，如单位面积造价、总投资额。

（2）要求设计满足建设单位要求的经济性技术指标，即为保证设计成果的经济性而制定的技术上不应突破的限制值，简单说就是节材，如建筑结构钢筋含量、混凝土含量、平均车位面积等。

造价指标以项目开发全程为周期管控投资，但周期长，很多环节设计不可控，而经济指标在设计伊始就可贯彻执行。因此，对 EPC 项目的管理应从经济技术指标入手，EPC 项目限额设计的各项经济指标可具体落实到规划、建筑、结构和设备专业中来指导 EPC 项目限额设计工作。

1. 规划设计

规划方案阶段对各项指标进行成本分析和对比，采用较为合理的指标进行设计，具体指标应根据项目设计要求进行对比衡量，做出多方案经济比较和选择，规划设计各指标要满足规范要求。规划经济技术指标参见表 6–7。

经济技术指标表 **表 6–7**

分项	单位	可行性研究指标	规划批复	现方案指标	备注
总用地面积	m^2				
总建筑面积	m^2				
容积率	%				
计容面积	m^2				
非计容面积	m^2				
建筑密度	%				
总建筑高度	m				
标准层层数	层				
标准层层高	m				
地下室层数	层				
地下室层高	m				

续表

分项		单位	可行性研究指标	规划批复	现方案指标	备注
停车位		个				
其中	地上	个				
	地下	个				
地面停车率		%				规划指标
地下车库面积		m^2				不计容
地下室单车位面积		m^2/ 个				
人防面积		m^2				不计容
道路占地面积比		%				
绿地率		%				

2. 建筑设计

建筑专业在方案阶段可对建筑层高、使用面积系数、体形系数、窗地比、窗墙比进行限额设计。

（1）建筑平面格局方正平直，结构柱网整齐对应，可以节省成本。

（2）地上建筑开间、进深尺寸适度，柱网轮廓平整，对应于地下室，可以大大提高停车效率。柱网规整，轮廓平整，停车效率高；柱网不规整，轮廓不平整，停车效率低。

（3）减少建筑体形的凹槽、凹阳台，可以减少外墙面积，相应可以降低外墙保温、防水、挂网等的成本。

（4）减少或取消转角窗、凸窗，可以减少土建成本，同时由于减少了外表面积，节能保温的综合成本也能降低。

（5）满足窗地比的前提下，少开窗、开小窗，相同面积的窗成本是墙的2~5 倍，减少开窗可以大大节省成本。同时由于减少了散热快的窗面积，节能保温的综合成本也能降低。

（6）建筑应南向布局，减少东西向布局或开窗，可以节省外墙保温材料，节省东西向窗外遮阳投资，大大节约节能工程的成本。

（7）体型系数、窗墙比等符合规定性指标，使节能设计不用动态平衡计算，可大大节约工程的成本。体型系数大，增加成本；体型系数小，有利于降低成本。

（8）正确选择建筑形式风格，优先采用现代、简约的立面风格，减少外墙面现浇装饰线条、装饰件，控制使用预制成品装饰线条，可以节约建筑外饰成本。

3. 结构设计

结构设计应以建筑功能需求、结构耐久及安全要求为前提进行结构的经济性设计。

结构的经济性主要为单位面积用钢量的控制，并辅以单位面积混凝土折算厚度控制，分地下室、裙楼及塔楼进行控制。

结构设计的限额指标需要根据抗震烈度、基本风压、场地类别等条件来确定。

钢筋配置方案中板钢筋 HRB400，梁主筋采用 HRB400、箍筋 HPB300（直径 12mm 及以上采用 HRB400），柱、剪力墙暗柱主筋 HRB400、箍筋 HPB300（直径 12mm 及以上采用 HRB400），剪力墙分布筋 HRB400。

4. 设备专业

（1）给水设计。管径满足规范、设计指引的要求，不随意放大。阀门数量满足规范要求，不多设。管道走向、布置应进行优化，满足线路最短、管径最小的要求。水箱水泵变频供水、无负压供水等设备的设计流量、扬程等应详细计算，满足规范要求即可，不随意放大。泵房布置应紧凑，不得浪费建筑面积。水箱水泵变频供水设备应配置小流量泵。

（2）排水设计。管径满足规范、设计指引的要求即可，检查口等附件数量满足规范即可，不多设。管道走向应优化，力求最短。室外埋地管道应控制埋深、坡度。室外检查井的数量应尽量少，井径大小满足规范限值要求即可，不过大设计。

（3）电气设计。变配电房、发电机房选址应综合考虑，在平衡各方面因素后尽量选择靠近负荷中心的位置。电线电缆在规范允许、当地供电部门同意的前提下，非消防低压配电干线推广应用铝合金电缆。

（4）暖通。空调、采暖设计需进行严格计算（包括冷、热负荷计算，风管、水管水力计算），根据计算值进行设备选型（所选设备必须符合相应的设计节能标准），不得随意放大；空调、采暖水管设计，进行水力平衡时，首先通过调管径的方法来平衡，在该方法解决不了的情况下才利用阀门调节，不得随意设置阀门；当整个水系统利用动静态平衡阀进行全面水力平衡时，要进行技术经济比较，严格控制造价；在项目无特殊要求的情况下空调尽量考虑分体柜机或挂机，尽量少用顶棚单元机；采暖系统的户内温控方式，在地方未特殊要求的情况下，尽量选择总环路控制方式。

6.9 设计优化管理

EPC 项目设计优化要贯穿项目全生命周期，基础工程、地下结构和地上结构是设计优化的重点方向，EPC 项目部要重点从降低投资和提升品质的角度落实设计优化工作。

6.9.1 基础工程优化

基础工程主要对桩基础选型、基坑支护、降水、地基处理进行优化。

1. 桩基础选型

（1）严控试桩。新项目采用桩基时需在正式施工前完成试桩工作，检测承载力，通过试桩检测报告修正桩长及单桩承载力特征值，在符合安全要求的前提下合理优化和调整桩基施工图，以节约成本并缩短工期。

（2）多方案比选。前期做好方案比选，结合地勘报告和试桩检测报告合理优化桩基方案。

（3）基础数据库：建立不同地区的桩基数据库，当项目方案基础数据与数据库对比异常时，要及时组织方案研讨，分析原因并给出合理的建议。

（4）其他措施优化：地库范围可重新进行详勘，确保桩基方案最优；优化施工顺序，缩短灌注桩长；桩基础采取合适的防腐措施。

2. 基坑支护费用

（1）设计优化类：支护可考虑“搅拌桩 + 灌注桩支护 ”优化为“搅拌桩 + 土钉墙 ”形式。通过减少埋深、调整土方优化基坑支护。

（2）施工组织优化类：调整基坑开挖方式；地下连续墙与地下结构挡土墙二墙合一；通过压板试验，提高地基承载力。

（3）构造工艺优化类：局部钢板桩优化为土钉支护，节约成本。

3. 降水费用

（1）标准化管控流程：梳理项目降水价格、费用情况，建立标准化管理流程，后期项目严格管控。

（2）降水计量方式优化：由计台班形式优化为电表计量方式，记录电量，根据当地电费分析价格组成，控制降水成本。

（3）多方案对比：采用大口径深井降水，结合现场实际分析方案实施效果，做出适配方案。

4. 地基处理

（1）多方案对比：在工期较紧的情况下，选择符合项目工期和成本较低的方案，优化成本。有软土地基项目，要关注可行性研究报告是否列出此项费用，如未列出则要及时与建设单位请示汇报。

（2）基础垫层优化：在确保结构安全的前提下，要在设计规范范围内取最有利于节约成本的数值。

5. 基础工程优化管控关键点

（1）建立相关基础的数据库，新地块对标过往数据做出管控及优化措施。

（2）地形条件复杂的地块，对初勘和详勘进行二次勘探，进行多方案对比。

（3）关注现场施工可优化项，选用合理实用可替代新型材料进行成本优化适配。

6.9.2　地下结构优化

地下室结构主要从设计、构造工艺、材料及管理上进行优化，控制地下部分成本投入。

1. 设计优化

（1）钢筋节点优化：筏板或承台封边钢筋优化，地库钢筋节点做法优化，降低钢筋含量。

（2）底板墙体优化：优化墙体布局，减少密闭套管数量。在安全范围内降低底板厚度等。

（3）土方开挖优化：结合地势，合理设置地下室底标高，节约土方开挖的同时加快工期。

（4）停车效率优化：优化地库边线及车流线，减少不必要车道，通过车位类型组合等方式提高停车效率，减少地库面积。

（5）其他优化：根据实际选择半地下室与全地下室方案；顶板增加采光井，

节省后期照明用电费用；优化地库层高；合理设置地下室顶板覆土厚度。

2. 构造工艺优化

（1）面层做法优化：车库独立柱抹灰优化，简化地库内墙面层做法，优化地下室挡土墙面层做法。

（2）人防设备优化：合理变更，与人防工程设计单位对接、协调，减少人防设备。

（3）品质提升优化：采用地下室特色墙画，优化入住体验。

（4）非敏感点部位优化：聚焦车库非用户敏感点成本优化。结构设计总说明中“钢筋混凝土顶板抹光”以上的做法可取消。

3. 材料优化

采用新型材料：采用符合规范要求且满足建设单位使用需求的成熟工艺，研判后若具备可行性则采纳，达到效果好、工期短、造价省的效果。

4. 管理创新优化

（1）地库面积优化：研究当地规范，通过设计优化减少人防面积，从而减少地库面积。

（2）地面停车效率优化：研究当地城市控制规划设计条件，在不影响地面交通组织的情况下提高地面停车比例。

（3）新规充电桩优化：与当地规划部门沟通，地下室充电桩只需预留容量，地下车位仍按正常车位建设。

5. 地下室管控关键点

（1）关注钢筋和混凝土含量的优化，地库墙体布局优化，聚焦地面和地下停车效率的提升。

（2）非敏感点部位的优化提升，核对人防图纸，关注人防设施配置，留意行业内通用的优化措施。

（3）地库人防面积在合规情况下合理地争取减少，预留充电桩安装位置。

（4）对比单车位面积限额指标，对超标方案要进行分析和研究，并采取有效措施降低指标。

6.9.3 地上部分优化

地上部分优化可以从设计、材料及施工组织层面着手，通过合理优化实现控制项目投资的目的。

1. 设计优化

（1）钢筋混凝土优化：优化结构构件布局及尺寸，控制钢筋和混凝土单方含量指标。

（2）主体外墙优化：外墙防水做法优化，剪力墙分布筋优化，梁高、层高优化等。

（3）屋面做法优化：在确保效果及适配项目的前提下，适当改变造型，减少成本。

（4）外立面优化：外立面造型简洁，控制体型系数和窗墙比。

（5）平面布局优化：严控建筑的高宽比，优化建筑的平面布局，规避结构超限和结构转换层。

2. 材料优化

（1）楼地面做法优化：根据地域性，楼地面保温优先选择性能优、厚度小，维修不复杂的材料。

（2）预制砌块优化：内墙板采用“高精砌块 + 薄抹灰 + 涂料”方案成本较低，经济效益高。

（3）外墙、内墙材料优化：采取与当地适配的外墙保温材料或符合规范的新型材料。

（4）其他做法优化：调研当地成熟做法，采用成本较低的做法，如优化干硬性水泥砂浆材料配比、将地暖保护层调整为细石混凝土等。

3. 施工组织层面优化

（1）施工场地优化：控制土方内倒量、优化现场总平面图，合理布置材料堆场和材料加工区。

（2）工程策划优化：对于需要拆改的临时结构，考虑以可回收的材料代替原设计方案中的材料；做到永临结合。

6.10 设计与施工融合管理

相对传统施工总承包项目，EPC 项目能加快工程建设最主要的原因是实现设计、施工和采购的深度融合，做到边勘察、边设计、边施工，作为“三边工程”要做到合法合规，发挥报批报建与设计的协同作用，做到边设计边报建，报建通过后再组织现场施工。

6.10.1 报批报建与设计协同

建筑工程方案必须通过规划和自然资源局的审批。方案报规前必须有成本测算数据，在投资不超概算的前提下组织方案报规。

EPC 项目初步设计图纸、施工图纸均需要经过图审单位技术审查并且取得图审合格证后才能递交到政府相关部门办理下一阶段的业务。因此，EPC 项目中标后要及时与图审单位沟通，了解图审单位的审查标准。

提高建筑工程设计方案、初步设计和施工图审查通过率，关键在于设计文件送审前，报建人员理清政府相关业务部门的资料清单及对设计文件深度的要求，在设计过程中报建人员要与设计人员充分沟通并反馈审查要求，尽可能做到所提交的材料是满足审批要求的，减少被退回修改的风险，做到一次审批通过。

6.10.2 设计与施工融合

设计要满足施工生产要求，设计各个阶段要保障现场有图施工。项目启动后，工程总承包单位根据竣工交付时间节点要求，将设计、施工和采购工作有序穿插，促进设计与施工高度融合管理。

证件办理。在建筑工程设计方案审批通过后，设计单位与勘察单位的工作同步进行，设计单位根据政府相关部门审批通过的建筑方案进行结构建模，勘察单位则是在现场钻探取样结束后进行土工试验并提供审查通过的详勘报告。设计单位根据详勘报告中的地基承载力、抗浮设计水位、地质参数等信息对结构模型进行修正并出具基础施工图。基础施工图需要经建设单位选定的审图机构审查合格后设计单位才能出具施工蓝图。以广州某区为例，地下部分和地上部分可分开办理施工许可证，报建人员依据办理地下和地上部分施工许可证所需要的资料清单递交材料即可完成施工许可证申领，其他城市施工许可证的申领亦可依据当地政务服务网的规定办理。

工程施工。对于分阶段办理施工许可证的地区，在取得地下部分施工许可证后，现场可进行地下部分工程施工，设计单位则利用地下部分工程施工的时间完成地上部分工程的设计工作。以施工生产要求及报建策划时间为控制节点，在地下部分工程施工结束前，EPC 项目报建人员需协助建设单位完成施工图技术审查并取得地上部分施工许可证，确保地上部分工程有图有证、合法合规地进行现场施工生产。

第 7 章 EPC 项目造价管理

EPC 项目造价管理的核心是在规定的投资额度范围内完成合同约定的工程建造任务，在项目建设全过程建立造价管控的流程和标准，层层压实项目造价，控制主体责任，实现项目造价管控目标。

7.1 EPC 项目造价管理原则与要求

7.1.1 EPC 项目造价管理原则

（1）与设计紧密配合原则：造价管理贯穿于项目建设全过程，在施工前，造价管理的重点在于设计，设计人员容易重视设计的技术性而忽略经济性，没有树立投资控制的观念，因此，需要造价人员协同配合设计人员工作，从成本和费用角度为设计人员提供指导意见，避免超出投资后大范围修改设计方案，实现投资控制质量和设计质量双提升。

（2）控制原则：造价管理以事前控制为主，事中和事后控制为辅，在设计准备阶段，要提前设定限额指标，减少设计图纸造价超额导致的修改，避免增加设计工作量和影响设计进度。

（3）可追溯性原则：编制设计概算的资料包括成本配置标准、设计图纸、政府的收费标准、市场信息价、类似项目沉淀数据及其他相关文件等，设计概算文件应根据相关资料编制。

（4）准确严谨原则：设计概算应科学准确，每项费用的计算都要有充分依据，保证设计概算的准确性和严谨性。

7.1.2 EPC 项目造价管理要求

（1）投资估算≥设计概算≥施工图预算。

（2）初步设计概算阶段，测算成本不能高于项目测算收入。

（3）施工图预算阶段，测算成本不能高于项目测算收入。

7.2 造价管理职责分工

7.2.1 总部 EPC 管理机构职责

（1）牵头分析和评审 EPC 项目可行性研究报告、投资估算、初步设计概算、工程总承包合同等相关资料。

（2）负责造价咨询单位的引入、管理和考核，对造价管理的工作成果进行审核。

（3）负责 EPC 项目设计概算管理工作，组织项目经理部造价人员编制、修订和复核项目阶段工程造价。

（4）组织项目造价人员测算和复核设计变更的费用变化情况，从造价专业角度分析设计变更事项并提出专业意见。

（5）主导 EPC 项目全过程造价管理，负责对 EPC 项目造价人员进行业务培训，并对其工作成果进行考核。

（6）负责审核 EPC 项目合约规划，配合物资设备及专业分包的招标采购工作。

（7）负责协调设计单位、造价咨询单位、建设单位有关造价方面的工作。

（8）负责考核项目经理部商务管理工作，重点考核项目估算、概算、预算、结算、合约规划编制水平及项目成本目标完成情况。

（9）牵头开展 EPC 项目造价管理后评估工作，搜集在建项目各阶段造价数据，编制 EPC 项目数据库，负责造价数据库的维护和更新。

（10）在项目施工过程中，归集 EPC 项目的动态成本，将动态成本与概算、预算进行对比分析，有超概算风险时发出预警并提出解决对策。

7.2.2 EPC 项目经理部职责

（1）配合总部相关部门评审 EPC 项目可行性研究报告、投资估算、工程总承包合同等基础资料。

（2）编制 EPC 项目设计概算，按计划时间节点完成概算编制和报审工作。

（3）参与 EPC 项目的设计优化工作，从造价角度提出设计优化建议。

（4）提供 EPC 项目设计变更的基础数据资料，并对其准确性负责。

（5）按计划进度完成 EPC 项目施工图预算编制和上报工作，并对其准确性负责。

（6）在项目实施过程中，实时汇总项目各项成本数据，包括变更签证、索赔及待发生合约规划，形成项目动态成本。

（7）核算项目各项费用的动态成本，对比分析项目目标成本和已批复施工图预算，对具有超概算风险的专业，提出预警，并制定风险预防措施。

（8）负责项目日常商务管理工作，包括但不限于项目分包管理、二次经营、变更索赔资料收集及上报、过程验工计价及进度款申请等。

（9）负责收集项目实施过程的商务资料，完成项目竣工结算资料的编制、上报与核对。

（10）负责汇总和上报 EPC 项目不同阶段造价数据，配合总部完成 EPC 项目造价数据的统计、分析和归集。

（11）与建设单位、监理单位、政府相关部门建立有效的沟通机制，确保造价管理工作顺利推进。

（12）全过程配合设计人员进行设计优化工作，完成方案造价分析与测算，为设计人员提供造价指导意见。

7.3 EPC 项目合同模式

一般常见的合同形式有固定总价合同、成本加酬金合同和固定单价合同（EPC 项目一般体现为定额下浮率合同）。每个计价模式，因使用环境和条件不同，各有优势和劣势。现对不同合同模式的适用情况进行分析和介绍。

7.3.1 固定总价合同

在固定总价模式下，建设单位利用买方市场优势把各种风险转移给工程总承包单位承担，对投标人的投标报价能力及项目管理能力提出了极大的要求。但从另一个角度来说，工程总承包单位可以发挥自身在成本控制方面的优势，从方案设计阶段开始介入，优化设计方案，做到合理设计，从而降低项目成本。

在进行此类项目投标报价时，应尽可能在投标前期联动设计单位，充分发挥设计创效能力，在满足建设单位对项目功能需求、产量需求的前提下选择最优设计方案。全面分析和研究项目存在的具体问题，准确评估项目潜在风险，以便合理确定项目成本。在确定项目成本后，根据项目当地人材机市场信息价格以及价格波动情况、分析已建类似项目历史价格数据，结合招标文件有关计价约定和评标标准，选择合适的报价策略，合理确定项目投标报价。在对项目进行测算后，将各专业进行分解对比，结合技术标相关说明，确定项目建设周期内的建造成本。

7.3.2 成本加酬金合同

成本加酬金合同是以施工工程成本加合同约定酬金进行合同价款的计算、调整和确认，形成 EPC 合同价。此类合同适用于以下几种情况：①工程内容、经济技术指标、设计方案不能预先确定的工程，如新型工程；②虽然技术方案比较成熟，但是时间特别紧迫，来不及进行详细的计划和商谈，如抢险、救灾工程。

采用成本加酬金合同形式的项目不易控制造价，一般需要建设单位与施工单位按一定比例分担项目的风险。

7.3.3 定额下浮率计价合同

国内 EPC 市场尚不成熟，大量 EPC 项目采用定额下浮率计价模式。定额下浮率形式其实是一种固定单价的合同形式，它通常以定额计价原则为基础，约定一个固定的下浮费率来进行工程结算。在招标阶段，将通过投标竞争而来的下浮率确定为合同结算下浮依据。 这种计价方式适用于大部分采用 EPC 承包模式的建设项目，但还有待在实践中进一步发展完善。[23]

定额下浮率计价模式下，建设单位对项目设计方案干预过深，参与较多，工程总承包单位对方案改动的主动性较低，创效空间较小，承担的风险也较低。因此，投标阶段必须明确方案和项目建造标准，工程总承包单位才能合理确定投标报价。这种计价模式下投标利润率的测定可以分两个阶段进行。首先，根据设计文件评判采用限额设计与优化设计措施后能够节约的成本费用；其次，根据当地定额与信息价的情况，结合历史项目的建造成本数据，确定定额下浮后可用于工程建设的费用及项目利润。

7.4 EPC 项目造价管理流程

EPC 工程项目建设周期长、资源消耗量大，工程造价是随着项目建造的深入，由粗略到精确逐步完善的过程，包括投资估算控概算、概算控预算、预算控结算等阶段的造价管控。工程总承包单位的造价管理分事前控制、事中控制、事后控制，包括招投标、投资估算、初步设计概算、施工图预算的事前控制，施工过程中成本测算的事中控制，以及成本核算、竣工结算的事后控制。EPC 项目造价管理流程图参见附录 L。

7.4.1 招投标阶段

对有意向的投标项目，工程总承包单位应收集项目信息、考察项目当地市场价格情况、现场踏勘、编制投标文件、完成项目投标前成本测算、合理选择投标策略，进行项目投标报价。项目中标后，由企业总部负责经营的部门牵头分析和评审工程总承包合同，组织合同谈判，直至合同签订。

7.4.2 方案设计阶段

工程总承包单位应依据相关资料，结合自身管理水平，重新复核投资估算指标，制定方案设计阶段限额设计指标，以指导项目方案设计阶段工作。根据项目情况，通过造价测算对比，对不同设计优化方案提出造价意见。投资估算复核确定后，编制方案阶段的合约规划。投资估算表参见附录 I。[24]

7.4.3 初步设计阶段

根据设计文件及合同文件要求复核投资估算费用，编制项目限额设计指标。限额设计指标表参见附录 K。

初步设计开始后，造价人员同步介入初步设计概算编制工作，概算编制完成后及时上报建设单位审批和确认，将建设单位确认的概算作为设计单位进行施工图设计的限额标准。

设计概算按专业与类似项目指标做对比分析，指导初步设计优化。项目经理部收集项目周边各类市场价格资源，预测工程建设可能产生的各类费用，对指标不合理工程费用，与设计人员配合进行设计优化。设计概算批复后，由项目经理部编制初步设计阶段合约规划，用于指导后续的招投标工作，批复后的概算作为 EPC 项目的目标成本，要严格控制工程造价，避免发生设计变更，规避项目出现超概算风险。

7.4.4 施工图设计阶段

由项目经理部编制施工图预算，总部相关部门复核施工图预算，在施工图预算编制过程中要与设计概算进行全面对比，对存在超概算风险的专业进行优化和修改。

施工图设计完成后及时组织施工图预算编制工作，以确定项目建造合同收入，根据已批复的施工图预算，确定项目的责任成本，将责任成本分解到各部门及责任人。由项目商务合约室编制施工图设计阶段合约规划，指导项目专业分包招标、劳务分包招标、材料设备采购等。分专业对比分析施工图预算和设计概算，或组织专家对预算编制文件进行评审，以评价预算编制的准确性。

7.4.5 项目施工阶段

项目部商务合约室根据已批复项目合约规划，编制、上报、审批项目分包、材料设备招标计划。按批复的招标计划组织项目分包招标工作，严控分包成本，统筹各项分包管理，包括项目分包合同评审、签订、交底工作。签订分包合同后，对比合约规划，若合同额超规划，及时分析原因，对合约规划进行调剂。根据现场实际施工进度及时审核分包单位已完成工程量，盘点现场物资材料，归集已产生的机械费、管理费，审核并审批现场签证索赔，及时准确核算完成产值，收集项目各类费用后，汇总项目预计总成本（预计总成本 = 已发生成本费用 + 预计待发生成本费用），并与目标成本对比分析，计算目标成本变动率［目标成本变动率 =（预计总成本 – 目标成本）/ 目标成本］，及时提出风险预警，严防超概算。组织项目工程款收支工作，根据现场进度及时核算完成产值，向建设单位申报进度款，保证现场资金充足。

7.4.6 竣工验收阶段

项目商务合约室应针对 200 万元以上的分包结算、物资设备结算，召开结算专题会议，形成会议纪要，编制、申报、审批项目分包工程竣工结算。

项目经理部整理项目过程资料，负责编制竣工结算文件。及时完成与建设单位的结算核对工作，项目竣工结算完成后，项目商务合约室及时完成项目结算收款以及项目后评估工作。

7.5 EPC 项目各阶段造价管理标准

7.5.1 招投标阶段

为提高中标概率，保证投标工作顺利进行，此阶段应针对所投 EPC 项目特点进行投标前分析工作，评判招标项目的风险点和利润点，以便于合理进行投标报价。以下主要从招标公告、评标办法、技术需求、投标人须知、合同条款、投标前利润测算以及编制投标文件七个方面对招标文件进行分析。

1. 招标公告

在获取招标文件后，应重点关注招标项目以下基础信息：

（1）时间要求：投标截止时间、开标时间、投标保证金缴纳时间、投标人提出问题的截止时间、招标人书面澄清的时间、投标人要求澄清招标文件的截止时间、投标人确认收到招标答疑纪要的时间、投标人确认收到招标文件修改的时间等。

（2）地点要求：项目地点、递交投标文件地点、项目负责人签到地点、开标地点等。

（3）资质要求：除施工资质、业绩证明类资质级别要达到要求外，招标文件中要求的设计及勘察资质证书也要符合要求，还需要注意是否有规定特定专业资质的要求。

（4）招标范围：包括勘查范围、设计范围、施工范围、管理服务范围等相关内容。

（5）是否接受联合体投标，如接受联合体投标，则确认对联合体形式、联合体成员数量和联合体牵头方的要求。

2. 评标办法

招标文件中确定的评标办法有利于建设单位择优选择承包商。投标人根据评标办法引导，清晰了解对投标文件的评审细则和定标规则，挖掘公司的竞争潜力，

突出公司的优势，有的放矢地编制标书，提高中标的可能性。

3. 技术需求

每个工程项目都有自己的特殊性，EPC 项目的勘查、设计、建造、服务各阶段工作都有特定的技术要求，投标人关注以上要求的同时，也要关注招标人提出的有关其他技术方面的特殊需求，包括海绵城市、装配式要求、绿色建筑要求等。

4. 投标人须知

此部分基本涵盖整个项目的基础信息和投标报价所需要注意的重点内容，需要重点研究分析，稍有差池，轻则影响报价，重则导致废标。相关人员要从投标人资质、财务、信誉等方面研究分析。

5. 合同条款

以招标文件中合同条款为基准，EPC 项目需要重点关注的内容包括限额设计要求、最高限额的约定、质量要求、工期要求、合同风险范围、履约保证金、付款方面是否有预付款以及进度款支付方式、不可抗力造成的损害的补偿办法等相关规定。如有不完善的条款，在编制投标文件时，要补充说明，以减少中标后的纠纷。

6. 投标前利润测算

投标前测算作为决定 EPC 项目整体利润的第一个重要环节，必须高度重视。EPC 项目在获取招标文件后 7 日内须完成投标前分析工作，技术、设计、造价人员密切配合，工程、设计、成本交圈。在投标过程中，企业总部相关部门负责指导技术标和经济标的编制工作，采用事前控制手段，通过成本策算、指标分析，完成设计方案比选工作并提出成本控制意见。联合体投标项目需额外注意理清联合体各方分工协作关系和责权利分配情况，联合体成员方之间要及时共享项目信息，相互配合，完成投标前测算。

7. 编制投标文件

结合项目所在地市场信息、资源情况，完成投标前测算工作，综合考虑项目风险范围，按招标文件要求，明确投标策略，编制投标文件。

7.5.2 合同评审与签订阶段

合同评审作为合同签订前的一个重要环节，应结合工程总承包项目实际情况，以减少合同履约阶段的争议纠纷为原则，对 EPC 项目的可行性研究报告、工程总承包合同以及联合体协议进行评审。

1. 可行性研究报告评审

目前 EPC 项目多为政府投资项目，可行性研究报告作为项目立项之初的主要文件，应予以高度重视。EPC 项目中标后，应站在项目全局的角度，对可行性研究报告展开评审，及时发现可行性研究报告中存在的风险点，这对项目方案设计和初步设计具有重要指导意义。结合公司承接 EPC 项目管理经验，可行性研究报告评审应从以下方面展开：

（1）投资估算编制依据的准确性，选择适宜的估算方法和估算指标。

（2）投资估算的编制依据以及投资估算费用组成是否完整。

（3）依据设计任务书和建设单位需求，评审投资估算表各项数据及指标的准确性和合理性。

（4）分析是否有重复计列和缺漏项目。

（5）分析投资估算精度是否能满足控制初步设计概算的要求。

（6）分析设备单价是否合理，如有特殊、大型、精密设备仪器，需由物资采购部门评审价格是否合理。

（7）针对项目特点和潜在风险，提出预防意见。

2. EPC 工程总承包合同评审

工程总承包合同作为 EPC 项目履约过程中的主要依据，由于工程总承包合同条款多、专业范围广，在签订前必须进行系统评审，及时发现不合理条款，争取在合同谈判中予以修正，降低履约风险。工程总承包合同评审应从开发报批报建的配合、设计管理、商务管理、工程施工技术等方面展开，具体如下：

1）开发报批报建评审要点

（1）工程所在地报批报建节点要求与设计进度控制是否合理。

（2）前期报批报建相关费用承担问题，明确合同是否已包括报建相关费用。

2）设计管理评审要点

（1）审核经济技术指标与可行性研究报告、招标文件的一致性。

（2）审核设计界面工作是否在招标范围以内。

（3）设计各个阶段提交的成果文件是否合理可行。

（4）在造价控制范围内，建设标准是否可行，如绿色建筑标准等级、装配式建筑等。

（5）各专项设计要求是否明确合理，如夜景照明、BIM 设计、装配式建筑、幕墙设计等。

（6）建筑设计及相关技术要求是否符合现行规范。

（7）结构设计及相关技术要求。

（8）其他专业设计的技术要求。

（9）设计成果内容及具体要求。

（10）规划设计条件是否明确。

（11）项目设计工期是否合理。

（12）建设内容与规模是否与招标、可行性研究冲突。

（13）建筑功能需求是否合理，是否超出合同要求。

（14）审核建设单位提出的限额设计是否满足使用需求，限额设计是否存在不合理的地方。

（15）国家法律法规、行业标准规范更新或者废止情况对设计、工程造价和施工的影响。

3）商务管理评审要点

（1）概算编制与审核：包括概算文件的编制、上报及审核，重点评审概算编制依据、编制单位、审批流程以及超概算风险等。

（2）合同条款与招投标文件的一致性，合同谈判过程中主要条款不得背离招投标文件的实质性内容。

（3）风险分担的合理性，重点评审权利义务的对等性，避免合同风险分配不合理。

（4）成本测算、预期利润：分析评审承包范围内各专业工程的利润与亏损点，对项目整体利润进行合理分析。

（5）预付款及其支付：是否有预付款，工程款的支付时间及支付方式是否明确，如采用联合体投标则需明确联合体成员方的付款方式。

（6）合同价款形式、工程量计量依据：重点分析合同价款的确认方式，以及不同计价模式下的风险和利润。

（7）工程款结算：重点评审结算时效、结算编制依据和审批程序，以及结算的限额约定。

（8）工程变更的计价原则及责任划分是否明确、价款调整范围及调整原则是否合理。

（9）固定总价合同、垫资合同的风险。

（10）工程款支付、预付款保函、履约保函等各类担保。

（11）保修金：保修金系数是否合理，保修金的支付约定是否明确。

（12）违约责任：违约处罚是否合理，建设单位违约责任是否全面。

（13）联合体内部协议职责分工是否合理，风险分担是否明确。

（14）条款的规范性、严谨性、合法性。

（15）采用的合同示范文本是否与项目相适应，工程总承包合同首先考虑采用由住房城乡建设部会同有关部门制定的工程总承包合同示范文本。

（16）合同备案等其他方面。

（17）工程保险的约定是否合理，费用是否列支在工程建设其他费中。

（18）争议解决的方式是否合理。

（19）其他方面。

4）工程技术评审要点

（1）项目设计施工工期要求是否合理，工期目标责任划分是否合理。

（2）施工范围描述是否正确，界面划分是否清晰。

（3）对“新技术、新工艺、新材料、新设备 ”是否有特殊要求，是否具备较大履约风险。

（4）合同中要求的项目质量目标、工期目标、安全目标、绿色施工能否顺利实现。

（5）合同对项目管理人员的要求是否合理。

（6）工程过程验收合格与否，处理是否合理。

（7）建设单位提供的基准点是否准确。

（8）对材料及设备的质量验收要求是否合理。

（9）提供场外运输条件的责任是否明晰。

3. 联合体协议评审

目前，市场上大部分 EPC 项目以联合体形式承揽，联合体成员作为相对独立的个体，大大增加了项目实施过程中的协调和推进难度，而联合体协议作为指导和约束联合体成员行为的重要文件，显得至关重要。联合体协议应在投标前签订完成，作为投标文件的一部分参与投标。针对联合体协议的评审，应重点从以下几方面展开：

1）联合体牵头人的权利和义务

根据招标文件要求、项目的特点，合理确定联合体牵头人。联合体牵头人全面负责 EPC 项目勘察设计管理、投资控制、限额设计管理、施工管理、安全管理、进度控制、质量控制等，并协调联合体成员相关工作。联合体协议根据建设单位在工程总承包合同中赋予联合体牵头人的权利和义务来合理评估。若设计单位为联合体牵头人，应重点评审设计单位的组织协调能力、施工管理能力、概算管控能力以及联合体成员是否需要另行支付管理费，管理费支付标准是否合理等；若施工单位作为联合体牵头人，应重点评审牵头人权利与义务是否对等、建设单位对设计单位的管控深度、设计单位对其他单位提出的设计优化意见的配合度等。

2）概算编制依据以及申报、审批程序

概算编制主体是否为设计单位；概算编制过程中联合体内部成员的配合参与度；概算申报和审批过程中是否需联合体成员共同确认；概算批复后，若总投资超概算，超概算责任的承担等。

7.5.3　方案设计阶段

经批准的可行性研究报告中投资估算对总造价起控制作用。设计单位确定项目设计方案后，根据相关资料，复核 EPC 项目的投资估算，调整、补充、深化、完善估算费用。此阶段需充分考虑项目不确定性和风险因素，客观合理地反映项目的总投资估算，确保投资估算的准确性。将批准的投资估算作为编制初步设计限额指标的依据。

设计单位组织所有专业对设计方案进行讨论，造价人员对方案进行测算，并提出优化意见。

根据修正的投资估算以及合同要求，确定最高限额。依据项目特点、合同要求及政府部门相关文件，编制限额设计指标，确保设计方案经济指标可行性，明确设计方案优化方向，初步确定限额设计思路及拟定风险防控措施。限额设计指标表参见附录 K。

此阶段大部分技术指标还未具体落实，各分项投资额并没有完全确定，根据限额设计指标以及修正投资估算，分析设计方案、设计任务书与使用需求书，确定项目设计优化工作思路。

设计方案优化要在保证实现建设目标的前提下，依据可行性研究报告调整部分建设标准或建设内容。可行性研究报告中投资估算在确定之后一般不允许突破，否则需要向有关部门报告；概算超过估算 10% 以上的甚至需要重新编制可行性研究报告。

对合同及可行性研究报告中规定的技术经济指标进行成本分析和投资评估，选择合理方案。其中地下室层高、面积、车位数、人防面积、精装修、智能化等对造价影响较大的技术指标，要进行多方案比选，以提高建设工程价值。特殊结构及造型（例如结构转换层、连体结构、特殊的立面或屋面形状等）对造价、施工、设计影响比较大，在方案设计阶段要重点把控，从施工工艺、工期、造价、技术等多方面进行分析。具有特殊的功能（如放射线防护要求、洁净要求）、特殊的活荷载（如大型会展中心、体育馆）、特殊的吊挂荷载及设备荷载、特殊的抗震要求（如隔震或消能减震）的项目，要提前规划，了解市场价格信息、定额价格或清单价格，测算并分析造价情况。装配式建筑从规模、费用、构件厂选择、运输方案等角度考虑测算。

合同如有约定预备费或暂列金额的使用要求，如调整建设规模、改变建设内容、提高建造标准等，在方案变更确认后，要及时进行测算，与建设单位确认增加的费用，变更增加部分按限额要求进行设计。

依据确定的设计方案，完成投资测算，测算结果在限额设计范围内时，则根据测算结果，动态修订限额设计指标；测算结果超过限额设计指标则需进行设计优化。

7.5.4 初步设计阶段

初步设计阶段造价管理的关键词是“适配”“控制”“精准”，根据初步设计完成进度及时完成 EPC 项目的设计概算编制工作。

设计概算是基于项目定位、市场状况、建设单位需求及初步设计图纸，结合企业建造能力以及工程总承包合同相关条款，根据预期成本预先确定，经过努力所要实现的项目造价。设计概算一经审批，后期施工图预算价和结算价均不得超出批复的概算金额。

初步设计阶段必须严格执行限额设计，保证投资控制在合同约定限额范围以内。限额设计工作是设计人员从技术方案层面及造价人员从成本方面相互配合的

过程，根据专业工程的特点、建设目标、建设原则和建设内容等标准确定限额指标，设计人员按照限额指标完成项目设计。

初步设计阶段造价人员需要掌握市场价格以及定额价格（或者清单价格）、同期类似项目造价指标，为设计给出的多种方案及时提供造价测算数据，组织方案经济比选，对不同设计思路、设计标准提供数据支持。

根据设计出图进度，逐步夯实各个专业的投资额，首先夯实基坑支护、地基基础、主体结构成本，与限额设计指标对比，根据剩余投资额，动态调整装修、园林、智能化等专业限额指标，为设计人员提供造价信息，确保概算不超合同限额。

初步设计完成后，造价人员需根据合同具体约定与设计共同输出 EPC 项目初步设计概算，初步设计文件完成后上报建设单位审批。建设项目总概算表参见附录 J。

7.5.5　施工图设计至竣工验收阶段

此阶段 EPC 造价管理工作关键词为“事前控制，先算后做 ”“随时核算，及时优化 ”。

（1）施工图预算管理：造价人员通过监控、分析施工图预算与设计概算的偏离情况，及时进行超支预警及调整工作，有效控制总造价不超设计概算。

（2）合约规划复核：EPC 项目合同发起人在完成合同制作与合同审批表单后发起合同审批流程，企业总部复核合约规划。

（3）事前控制：园林景观、精装修等专业施工图纸完成后，及时测算设计方案的造价情况，在满足建设单位功能要求、达到设计效果的同时保证成本可控。

（4）动态成本月度跟踪：定期检查项目实际发生的费用以及预计发生的费用是否偏离施工图预算。

7.5.6　EPC 项目造价管理后评估

项目完成竣工结算后，应客观、合理地评判项目的预计总成本，分析项目目标成本的实际执行情况，为后续项目前期测算提供系统全面的成本指标，并为其他类似 EPC 项目的投资估算、设计概算编制提供参照依据。

以项目投资估算、设计概算、合同文件、工程结算、动态成本管理等资料作为基础， 编制、审核、评估、提炼各专业技术经济指标，总结 EPC 项目管理经验及典型案例，建立各专业数据库，作为 EPC 项目成本测算和目标管理的基础。

第 8 章

EPC 项目报批报建及竣工验收管理

8.1 报批报建管理定义

报批报建是企业为了保证工程项目合法合规地建设和经营，在国家法律法规规定的范围内进行的需经过政府相关部门或机构审查、备案并办理有关手续的工作过程。

报批报建从三个主要阶段开展工作：立项用地许可阶段→工程建设许可阶段→施工许可阶段。具体事项参见表 8-1。

主要阶段报批报建事项 **表 8-1**

立项用地许可阶段	确定项目建设条件、项目建议书审批、选址意见书核发、建设项目用地预审、可行性研究报告批复、建设用地规划许可证核发等
工程建设许可阶段	建筑设计方案审查（修建性详细规划审查、总平方案审查）、建设工程规划许可证核发等
施工许可阶段	建筑工程施工许可证核发等

其他非主要阶段报批报建事项可在主要阶段同步并联进行审批。具体清单参见表 8-2。

非主要阶段报批报建事项 **表 8-2**

非主要阶段	建设项目环境影响评价审批、生产建设项目水土保持方案审批、城市建筑垃圾处置核准、污水排入排水管网许可证核发、临时用地审批等

8.2 报批报建事项资料清单

8.2.1 主要阶段报批报建

主要阶段具体事项资料清单参见表 8-3，表中法定办结时间仅供参考，实际办结时间以项目所在地政府相关审批部门承诺的时间为准。

主要阶段报批报建事项资料清单 **表 8-3**

序号	事项	资料清单	前置条件	办结时间
1	项目建议书审批	（1）项目单位关于报送项目建议书的正式申报文件。 （2）项目建议书	—	法定 20 个工作日
2	建设项目用地预审与选址意见书	（1）建设项目用地单位提交的用地预审申请报告。 （2）立项用地规划许可阶段申请表。 （3）建设项目建设依据（项目建议书批复文件、项目列入规划文件或者产业政策文件等）。 （4）建设项目用地预审选址意见报告书。 （5）标注项目用地范围的土地利用总体规划图、土地利用现状图、占用永久基本农田示意图（包含城市周边范围线）、建设项目拟选地点四至范围的地形图。 （6）建设单位营业执照或统一社会信用代码证。 （7）法定代表人及授权人身份证。 （8）法人授权委托证明书。 （9）法定代表人证明书	—	法定 20 个工作日
3	建设用地规划许可证核发	（1）建设用地规划许可证立案申请表。 （2）申请人身份证明	—	法定 20 个工作日
4	建筑设计方案审查（修建性详细规划审查、总平方案审查）	（1）立案申请表。 （2）营业执照等申请人身份证明文件。 （3）规划条件及历次规划批复文件中要求取得的专业管理部门的意见。 （4）历次规划批复文件要求提交的资料。 （5）建设工程设计方案技术审查报告（政府投资类、社会投资类一般项目需提交此文件）。 （6）发改部门立项投资批文（仅限政府投资类项目报审时提供）。 （7）总平面、设计方案。 （8）批前公示情况说明。	项目建议书批复、用地预审意见或建设用地规划许可证	法定 30 个工作日

续表

序号	事项	资料清单	前置条件	办结时间
4	建筑设计方案审查（修建性详细规划审查、总平方案审查）	（9）建筑景观效果专家评审通过意见书或会议纪要（位于重要地段、重要景观地区的项目）。 （10）有效的土地使用证明文件	项目建议书批复、用地预审意见或建设用地规划许可证	法定 30 个工作日
5	建设工程规划许可证核发	（1）立案申请表。 （2）建设工程设计方案技术审查报告。 （3）建筑景观效果专家评审通过意见书或会议纪要。 （4）具有相应资质的技术审查机构出具的《建筑工程放线测量记录册》。 （5）总平面图、建筑设计方案图。 （6）发改部门相关立项文件。 （7）历次规划批复文件要求提交的资料。 （8）规划条件和历次规划审批文件（含修建性详细规划或建筑工程设计方案审查批文）。 （9）营业执照等申请人身份证明文件。 （10）有效的土地使用证明文件	建筑设计方案审查（修建性详细规划审查、总平方案审查）	法定 20 个工作日
6	建筑工程施工许可证核发	（1）建筑施工许可证申请表（含资金和场地已落实说明）。 （2）用地手续。 （3）建设工程规划许可证及附件。 （4）施工总承包单位的招标投标情况备案表、中标通知书、合同。 （5）建造师（项目经理）资质证书、安全考核证书，总监理工程师资质证书，专职安全员安全生产考核合格证。 （6）施工图设计文件审查合格书。 （7）建筑工程五方责任主体的《法定代表人授权书》《工程质量终身责任承诺书》。 （8）危险性较大的分部分项工程清单及安全管理措施	建设工程规划许可证核发	法定 7 个工作日

8.2.2 非主要阶段报批报建

非主要阶段报批报建事项资料清单参见表 8-4，表中法定办结时间仅供参考，实际办结时间以项目所在地政府相关审批部门承诺的时间为准。

非主要阶段报批报建事项资料清单 **表 8-4**

序号	事项	资料清单	前置条件	办结时间
1	建设项目环境影响评价审批	（1）建设单位申请报批项目环评文件的申请书。 （2）建设项目环境影响报告书 / 报告表	—	法定 60 个工作日
2	生产建设项目水土保持方案审批	（1）生产建设项目水土保持方案备案承诺书。 （2）水土保持方案审批申请函。 （3）水土保持方案报告书	—	法定 20 个工作日
3	城市建筑垃圾处置（受纳）核准	（1）土地使用文件及其红线附图。 （2）建筑废弃物处置（受纳）核准申请表。 （3）建筑废弃物消纳方案。 （4）建筑废弃物处置（受纳）核准告知承诺申请书	—	法定 20 个工作日
4	城市建筑垃圾处置（排放）核准	（1）建筑废弃物处置（排放）核准申请表。 （2）建筑废弃物场外运输与排放量（场外调剂平衡土方量）数据来源支撑材料。 （3）建筑废弃物运输合同。 （4）施工许可文件。 （5）建筑废弃物处置（排放）核准告知承诺申请书	—	法定 20 个工作日
5	污水排入排水管网许可证核发	（1）施工临时排水许可证申请表。 （2）项目代码回执。 （3）排水户排水水质、排水量承诺书。 （4）建设项目的施工排水方案	—	法定 20 个工作日
6	临时用地审批	（1）临时用地申请书。 （2）工程建设项目审批（或核准、备案）文件。 （3）中华人民共和国建设项目选址意见书。 （4）土地复垦方案。 （5）水利、交通或公路行政主管部门审查意见。 （6）临时使用土地合同。 （7）法人代表证明书。 （8）临时用地承诺书。 （9）临时用地测绘报告（附坐标、测绘资质证明）	—	法定 20 个工作日

8.2.3 简易报批报建

个别地区建筑设计方案审查与建设工程规划许可证可以合并办理，施工许可证可以分阶段办理或者采取承诺制容缺办理，解决了因前置条件未取得不能办理后续审批事项的问题，既节约了时间成本又消除了现场违法违规施工的风险。具体办理事项与资料清单参见表 8-5。

简易报批报建手续资料清单　　表 8-5

序号	事项	资料清单	前置条件	办结时间
1	建筑设计方案审查与建设工程规划许可证核发合并审批（广西地区）	（1）工程建设许可阶段审批申请表。 （2）建筑设计方案文本	—	法定 20 个工作日
2	建筑设计方案审查与建设工程规划许可证核发合并审批（海南地区）	（1）建设工程规划设计方案（含建筑单体首层占地范围线）。 （2）法人或公司授权委托书、委托代理身份证、营业执照。 （3）建设工程规划许可申请报告和申请表。 （4）土地权属证明文件（国有土地使用权证、用地批准书或不动产权证书）（含用地红线）。 （5）项目可行性研究审批、核准或备案文件	可行性研究批复、土地批复文件	法定 20 个工作日
3	建筑设计方案审查与建设工程规划许可证核发合并审批（福建地区）	（1）《建设项目规划审批事项申请表》。 （2）具备建筑设计资质单位设计的建筑方案图。 （3）1∶500 地形图。 （4）建设项目日照分析审核意见书。 （5）包含 1∶500 规划总平面图、管线综合图及建筑景观设计方案的建筑方案图。 （6）建设工程规划许可证申请表	—	法定 30 个工作日

续表

序号	事项	资料清单	前置条件	办结时间
4	建筑工程施工许可证核发（海南地区承诺制审批）	（1）《建筑工程施工许可证》申请表。 （2）建设单位（代建单位）施工许可承诺书。 （3）土地权属证明文件。 （4）《建设工程规划许可证》。 （5）中标通知书（直接发包的无须提供）。 （6）施工合同。 （7）施工图设计文件审查合格书。 （8）缴纳农民工工资保证金（书面承诺书）	建设工程规划许可证	法定 7 个工作日
5	房屋建筑工程分“三阶段”办理施工许可证（“基坑支护和土方开挖”阶段的施工许可证，广东地区）	（1）建筑施工许可证申请表（含资金和场地已落实说明）。 （2）用地手续。 （3）规划手续（规划条件）。 （4）施工总承包单位的招标投标情况备案表、中标通知书、合同。 （5）建造师（项目经理）资质证书、安全考核证书，总监理工程师资质证书，专职安全员安全生产考核合格证。 （6）基坑支护和土方开挖图纸稳定的承诺说明。 （7）建筑工程五方责任主体的《法定代表人授权书》《工程质量终身责任承诺书》。 （8）危险性较大的分部分项工程清单及安全管理措施	规划条件	法定 7 个工作日
6	房屋建筑工程分“三阶段”办理施工许可证（“地下室”阶段的施工许可证，广东地区）	（1）建筑施工许可证申请表（含资金和场地已落实说明）。 （2）用地手续。 （3）设计方案审查批文。 （4）施工总承包单位的招标投标情况备案表、中标通知书、合同。 （5）建造师（项目经理）资质证书、安全考核证书，总监理工程师资质证书，专职安全员安全生产考核合格证。 （6）施工图设计文件技术审查意见。 （7）建筑工程五方责任主体的《法定代表人授权书》《工程质量终身责任承诺书》。 （8）危险性较大的分部分项工程清单及安全管理措施	建筑设计方案审查	法定 7 个工作日

续表

序号	事项	资料清单	前置条件	办结时间
7	房屋建筑工程分“三阶段”办理施工许可证（“±0.000以上”阶段的施工许可证，广东地区）	（1）建筑施工许可证申请表（含资金和场地已落实说明）。 （2）用地手续。 （3）建设工程规划许可证及附件。 （4）施工总承包单位的招标投标情况备案表、中标通知书、合同。 （5）建造师（项目经理）资质证书、安全考核证书，总监理工程师资质证书，专职安全员安全生产考核合格证。 （6）施工图设计文件审查合格书。 （7）建筑工程五方责任主体的《法定代表人授权书》《工程质量终身责任承诺书》。 （8）危险性较大的分部分项工程清单及安全管理措施	建设工程规划许可证	法定 7 个工作日

8.3 报批报建流程图

不同建筑规模和类型的项目报批报建的流程也不尽相同，以广州市 5 种常见项目类型的报批报建工作流程为例，说明报建事项审批部门及办结时限，相关流程参见附录 M~Q，其他地区报批报建流程以项目所在地政府相关部门下发文件为准。

（1）政府投资类（房屋建筑）工程建设项目审批服务流程参见附录 M。

（2）社会投资类工程建设项目审批服务流程参见附录 N。

（3）社会投资类工程建设项目审批服务流程（中小型建设项目）参见附录 O。

（4）社会投资类工程审批流程（带方案出让用地的产业区块范围内工业项目）参见附录 P。

（5）社会投资类工程审批流程（不带方案出让用地的产业区块范围内工业项目）参见附录 Q。

8.4 报批报建注意事项

在报批报建工作开展期间，可能会面临一些困难和需要解决的问题，根据报批报建经验梳理了需要注意的事项和难点清单，参见表 8–6。

报批报建注意事项和难点清单　　表 8–6

序号	注意事项	难点
1	建筑设计方案审查（修建性详细规划审查、总平方案审查）	（1）设计单位设计方案需要一定时间； （2）需各方单位确认，复杂烦琐； （3）审批时间过久，如有问题需返工，浪费时间成本
2	建设工程规划许可证核发	（1）主要审查单体建筑的面积、功能指标等，各个地区有自己的相关要求和规定，设计单位在设计图纸前一定要熟悉当地的相关政策； （2）图纸审核过程中，总建筑面积不能超过方案批复的总建筑面积； （3）审图、改图周期久，此项工作需预留充足的时间
3	建设工程施工图设计文件审查	（1）在工程规划许可证中具有较大比重且审查周期长； （2）是进行前期报建工作的关键，应第一时间送审； （3）部分地区为网上申报， 申报周期长且还需设计补充资料
4	建筑工程施工许可证核发	（1）此项工作是主线阶段报批报建工作的最后事项，前面所有的报批报建事项审批都是此项工作的铺垫； （2）部分地区已开展分阶段办理或容缺办理，方案设计审查或工程规划许可证未批复完成也可进行对应施工许可证的办理，需熟悉当地的相关政策，避免施工许可证的批复过晚，影响现场施工
5	建设工程消防设计审核	（1）需要审核全专业的图纸，审图、改图周期过长； （2）明确不同地区的消防设计审核时间顺序
6	临时用地审批	（1）需找有资质的测量单位对要使用的土地进行范围测量以及土地属性调查； （2）根据土地属性，需编制土地复垦方案报告书或报告表； （3）需跟土地权属人签订土地租赁协议，复杂烦琐，时间周期长
7	建设项目环境影响评价审批	（1）需要找有资质的第三方编制单位编制环评报告书 / 报告表； （2）方案编制和修改时间周期长
8	生产建设项目水土保持方案审批	（1）需要找有资质的第三方编制单位编制环评报告书 / 报告表； （2）方案编制和修改时间周期长

8.5 报批报建事项办理相关政策

8.5.1 证件合并办理

个别地区建设用地规划许可证和建设工程规划许可证可以合并办理，以下是广州市此项业务办理相关政策，其他地区在办理业务时可作参考，具体要以项目所在地要求为准，办理指南参见表 8-7。

建设用地规划许可证、建设工程规划许可证合并办理办事指南　表 8-7

1	事项名称	建设用地规划许可证和建设工程规划许可证合并办理			
2	适用范围	社会投资类带方案出让用地产业区块范围内工业项目			
申请材料					
共性材料					
序号	**材料名称**	**形式和份数**	**规范化要求**	**材料来源**	**类型**
1	立案申请表	彩色电子扫描文件	（1）可在网上下载填写； （2）加盖申请单位公章	申请人自备	通用
2	营业执照等申请人身份证明文件	彩色电子扫描件	1）包括申请人身份证明、法人法定代表人或其他组织主要负责人有效身份证明、授权委托书、代理人身份证明。 2）申请人身份证明： （1）申请人是自然人的，应当提交本人有效身份证明（身份证、军官证、警官证、护照或其他身份证明），其中身份证只需提供原件核验，由窗口人员复印并加盖与原件相符章； （2）申请人是单位的，应当提交加载统一社会信用代码的登记证照，其中本市签发的营业执照无须提交纸质件、复印件，个体工商户、农村集体经济组织和军队事业单位可提交未加载统一社会信用代码的证照（个体工商户营业执照或组织机构代码证）。 3）法人法定代表人或其他组织主要负责人有效身份证明：	申请人自备	通用

续表

序号	材料名称	形式和份数	规范化要求	材料来源	类型
2	营业执照等申请人身份证明文件	彩色电子扫描件	（1）由代理人办理的，只需提交加盖公章的复印件、不需原件核验； （2）法人法定代表人或其他组织主要负责人亲自办理的，应当提交本人有效身份证明（身份证、军官证、警官证、护照或其他身份证明），其中身份证只需提供原件核验，由窗口人员复印并加盖与原件相符章。 4）授权委托书（由代理人办理的需提供）：应加盖公章，包含委托内容、权限、期限，1~2 名代理人姓名、身份证件号、联系电话。 5）代理人身份证明（由代理人办理的需提供）：应当提交本人有效身份证明（身份证、军官证、警官证、护照或其他身份证明），其中身份证只需提供原件核验，由窗口人员复印并加盖与原件相符章	申请人自备	通用
建设用地（含临时用地）规划许可证核发					
3	成交确认书	电子件或扫描件，原件免提交	受理标准：原受让人加盖公章	广州公共资源交易中心	通用
4	国有建设用地土地出让合同（含补充协议、变更协议，规划条件）	电子件或扫描件，原件免提交	受理标准：申请人需提供合同编号	规划和自然资源部门	通用
建设工程规划类许可证核发（建筑类）					
5	总平面图、建筑设计方案图	CAD 电子件及 PDF 扫描件	1）总平面、设计方案图纸： （1）主要包括：总平面图（以规划条件规定的用地红线范围作为首次申报设计方案审查的依据），平面、立面及剖面图（蓝图）；总平面彩色示意图	设计单位	

续表

序号	材料名称	形式和份数	规范化要求	材料来源	类型
5	总平面图、建筑设计方案图	CAD电子件及PDF扫描件	（使用A3幅面图纸）；按需提供多角度实景融入图。 （2）总平面图应绘制在1∶500现状地形图上，用地面积在20hm²以上（含20hm²）的，可以以1∶2000现状地形图替代，应采用“广州2000坐标系”。 （3）应采用经技术审查机构审查通过并加密的电子报批文件晒图。 2）建设工程电子报批文件： （1）当调整不涉及面积变化时，无须提供； （2）提供技术审查平台编号则可视为已提交； （3）电子报批文件应经规划指标技术审查通过并加密； （4）要求：使用AutoCAD 2008或以下版本； （5）BIM三维模型电子文件（可选）	设计单位	
6	设计单位的资质证书	电子件或扫描件	如图纸盖出图章可视为已提交	设计单位	
7	具有相应资质的测绘机构出具的《建筑工程放线测量记录册》	原件2份（电子件或扫描件）	由申请人自行委托有资质的测绘机构制作完成	测绘机构	
8	建设工程设计方案技术审查报告	原件1份（纸质或扫描件），支持以告知承诺方式容缺受理，与材料9互为容缺设置	1）提供技术审查平台编号，则可视为已提交； 2）报告应符合规划部门制定的版面格式以及内容要求； 3）该材料可通过告知承诺的方式容缺受理，具体按承诺书的内容执行	技术审查机构	

续表

序号	材料名称	形式和份数	规范化要求	材料来源	类型
9	告知承诺书	彩色电子扫描件，与材料 8 互为容缺设置	1）承诺书及其附表应符合规划和自然资源部门制定的版面格式以及内容要求； 2）承诺书须经建设单位及设计单位签章，规划和自然资源部门业务办理处（科）室在审批后 2 个月内组织技术审查单位抽取承诺项目开展设计方案检查	申请人自备	

8.5.2 承诺制审批事项事中事后监管与信用公示

部分地区报批报建事项实行承诺制容缺办理，需要在承诺完成时限内提交相关资料，以下是广州市关于加强承诺制审批事项事中事后监管与信用公示的相关政策：

（1）建设单位采用承诺制申请办理房屋建筑工程施工许可证的，应在承诺期限内补充上传施工图审查合格书，并经审批部门确认后，完成承诺事项的闭合。

按照《广州市工程建设项目审批制度改革试点工作领导小组办公室关于优化调整房屋建筑工程施工许可证核发事项的用地材料及承诺事宜的通知》（穗建改〔2022〕2 号），2022 年 1 月 18 日后采用承诺制申办施工许可证，超期未完成承诺事项的，施工许可审批系统将在超期后第六日将建设单位不履行承诺的信息自动推送至“信用广州”公示。

对 2022 年 1 月 18 日前已办理完成施工许可证的工程，发现逾期不履行承诺事项的，填报建设单位不履行承诺信息，推送至“信用广州”公示。

（2）建设单位在申请办理房屋建筑工程竣工联合验收时，采用承诺制办理“建设工程城建档案验收”“通信配套设施工程竣工验收备案”等事项的，应按承诺期限及时完成相关承诺事项，并经城建档案、通信配套设施等专项验收（备案）部门确认后，完成承诺事项的闭合。

2022 年 6 月 1 日后采用承诺制办理竣工联合验收的工程，超期未经相关专项验收（备案）部门闭合确认承诺事项的，竣工联合验收系统于超期后第六日将建设单位不履行承诺信息自动推送至“信用广州”公示。

对 2022 年 6 月 1 日前已完成竣工联合验收的工程，广州市各专项验收（备案）部门将加强对建设单位使用承诺制的事中事后监管，发现逾期不履行承诺事项的，填报建设单位不履行承诺信息，推送至“信用广州”公示。

（3）市、区住房和城乡建设部门在例行检查时若发现提供的资料造假、不按规定履行承诺行为的（如企业资质、预售许可、城市基础设施配套费缴交、装配式建设、绿色建筑、地下管线等相关业务），相关单位不履行承诺的信息将被推送至“信用广州”公示。

（4）根据《广州市工程项目审批告知承诺制试行方案》（穗建改〔2018〕2 号），不履行承诺信息在“信用广州”的公示期限为 6 个月。为鼓励建设单位守约履诺，优化广州市营商环境，经审批部门确认承诺事项已履行完成的，公示信息可提前修复撤下。

在承诺事项未履行完成前，市、区住房和城乡建设部门暂停受理该单位以承诺制办理的所有审批事项。相关行政主管部门视情节严重程度对工程建设各方主体不履行承诺的行为依法依规做进一步处理。

（5）广州市住房城乡建设领域以外的其他行政主管部门可参照以上做法，将工程建设项目审批监管中发现的不履行承诺信息，对接推送至“信用广州”，以推动实现全市工程建设项目审批“一处失信、处处受限”。

8.5.3 办理施工许可证土地手续相关要求

政府投资类项目在办理施工许可证时，土地手续必须完善，不可用相关部门会议纪要或建设单位相关承诺代替，以下是广州市关于优化调整房屋建筑工程施工许可证核发事项的用地材料及承诺事宜的相关通知：

为保障广州市政府投资房屋建筑工程不存在压占非建设用地情形，“政府投资项目的用地权属清晰无争议说明”（区政府会议纪要和建设单位承诺说明）不再作为办理施工许可证的用地手续，请市、区审批部门及时修改办事指南。

政府投资房屋建筑工程提供农转用手续办理施工许可证时，市、区审批部门严格把关，以有审批权限人民政府依法批准农用地转用的文件为依据。

市、区审批部门加强工程审批管理主体责任，对所有已核发《建筑工程施工许可证》的在建政府投资房屋建筑工程进行全面梳理排查，一经发现农转用手续

未完成情形，责令建设单位立即停止施工，并督促建设单位加快完善用地手续，确保工程建设过程中的用地手续合法合规。

8.6 项目竣工验收及试运行考核要点

8.6.1 竣工验收考核要点

（1）合同约定的各项内容已经全部建成，包括生产性装置和辅助性公用设施等。

（2）项目经理部应针对工程质量是否满足合同要求以及强制性标准对所有工程进行检查评定，对体量大、工艺技术复杂的项目自行组织竣工预验收。

（3）试运行合格，主要技术指标满足设计标准。

（4）制定单位 / 分部 / 子分部验收计划、各专项验收计划、竣工验收计划，并根据计划检查有无滞后验收项。

（5）依照合同约定将各项竣工资料移交建设单位。

8.6.2 试运行考核要点

（1）项目全部安装工作按照设计文件和相关标准规范的质量要求完成，并依照规定提交项目所使用产品的合格证书、质量检查的合格记录以及相关文件，包括按照合同或双方约定应提交的竣工资料、操作和维修手册。

（2）试运行方案已获建设单位同意，参试人员经过学习并能正确掌握试运行要领。

（3）试运行所需的所有装备、劳力、仪器、工具、材料、消耗品以及有适当资质和经验的人员已经齐备。

（4）保证所需水、电、气等正常供应以及仪表气源等公用系统可投入使用。

（5）所需测试仪表已按规定安装完毕，测试仪器、模拟信号发生装置以及通用工具均已按规定准备齐全。

（6）项目经理部在施工合作单位 / 分包商自检合格后组织建设单位、施工合作单位及相关部门清查工程设计的漏缺项、工程质量的隐患和项目的未完工程。

（7）试运行安全措施已落实执行且完成事故处理程序及预案的制定。

（8）试运行是项目检验和试验的最后阶段，试运行前应完成设备安装前的现场检查和试验。

第9章

项目后评估及收尾管理

9.1 项目后评估指引

9.1.1 管理目的

梳理、分析、总结EPC项目技术经济指标、动态成本、设计优化案例，及时评估项目成本管理、设计管理和项目管理水平，总结EPC项目管理经验，为EPC项目管理提供切实可行的指导意见。

9.1.2 管理流程及标准

1. 施工图预算后评估

1）计划编制

（1）根据年度进度计划，编制年度《××年施工图预算后评估计划》。

（2）企业总部按照计划的时间节点组织开展后评估工作，如项目进度计划有变动，则重新调整计划表。

2）基础资料收集与分析

EPC项目商务合约室收集项目基础资料，包括招投标文件、投资估算、初步设计概算、施工图预算、预计总成本、设计任务书、方案图纸、初步设计图纸、施工图纸、设计变更及现场签证台账等，对比分析并查找目标成本差异原因，分类总结得出评估结论。

3）施工图预算后评估维度包括以下六个部分：

（1）各阶段造价对比：方案设计阶段投资估算、初步设计阶段设计概算、施工图预算、后评估阶段预计建安总成本、重点超支节余项分析。

（2）专项工程后评估：各专业工程及配套工程成本变动分析，建安单方成本、限额指标与最终测算指标对比分析，项目规模、总投入情况及效果评价分析。

（3）规划设计指标参数：项目整体用地面积、建筑面积、计容面积、停车效率、绿地率、层高、结构形式等对比分析。

（4）成本风险防控：针对成本超标的专业，分析原因并提出控制方案。

（5）成本优化建议：从成本策划方案落地情况回顾、各专业成本优化案例分析、工艺做法等方面提出优化建议。

（6）造价测算的准确性和及时性：复核估算、初步设计概算、施工图预算及设计优化方案测算文件编制的及时性及数据的准确性。

4）施工图预算后评估成本专题会议

（1）施工图预算批复后 15 天内组织项目内部讨论会，与会人员包括但不限于设计管理人员、计划管理人员、商务管理人员、财务管理人员。

（2）商务合约室根据讨论会结果，初步拟定应对措施，并于会后 5 个自然日内提交报告给企业总部相关部门审核。

5）定稿

EPC 项目商务合约室根据专题会议中提出的审核意见进行修正，在施工图预算批复后 30 天内完成修改。

2. 成本后评估

1）计划编制

企业总部结合年度公司财务统一召开的结账及清算沟通会，确定项目竣工结算计划，每月按进度计划跟进。

2）基础资料收集与分析

EPC 项目商务合约室收集完工项目成本后评估的基础资料，包括项目不同阶段成本版本（含方案阶段测算成本、项目初设阶段测算成本、预计总成本、责任成本、实际成本）、合同预结算资料、方案变更及现场签证台账、成本调整分析资料等；对比分析成本差异，出具有针对性的总结报告。

3）成本后评估维度包括以下六个部分

（1）项目整体指标对比：

A. 项目全过程造价管理：对比分析项目估算、初步设计概算、施工图预算、施工成本、结算，分析各个阶段造价差异。

B. 建安成本分析：重点分析责任成本、预计总成本、实际成本与计划成本的差异， 涉及劳务费、专业工程分包费、材料设备费用、临时设施费、税金、净利润额、净利润率等指标分析。

（2）责任成本偏差率及超支节余分析。

（3）专项成本分析：

A. 建筑工程含量及车位效能分析。

B. 地基基础工程指标分析（土方、支护、桩基）。

C. 外立面工程指标专项分析（外墙门窗、外墙装饰、幕墙）。

D. 机电工程指标专项分析（电气工程、智能化工程、通风空调工程等）。

E. 装饰装修工程专项分析（装修标准、装修做法）。

F. 室外工程专项分析。

G. 其他影响成本变动事项分析：重大变更签证发生原因及其造成的影响分析，结算金额与合同价的变动比例、变动情况分析，招标问题导致成本增加问题的分析以及合作单位履约情况评估。

（4）成本管控不足与亮点：

A. 成本优化专项：结合项目成本优化措施落地总结。

B. 各专业差额分析：项目专业成本与责任成本偏差原因分析，总结无效成本产生的原因、造价管理过程中的经验与教训及亮点工作的经验分享和总结。

（5）无效成本汇总：总结项目无效成本，得出整个项目的无效成本占比，对无效成本进行分类和总结。

（6）责任成本执行情况：目标成本责任分解书执行情况分析。

4）成本后评估专题会议

企业总部于项目整体竣工备案后 30 天内组织项目内部讨论会，会后 1 周内项目部完善后评估报告，并提交企业总部审核。

5）定稿

根据公司总部审核意见修正后评估报告，于项目整体竣工备案后 60 天内完成。

9.1.3 管理职责分工

1. 总部 EPC 管理机构

（1）结合企业总部 EPC 项目年度进度计划节点，每年年初确认在建项目施工图预算成本后评估及完工成本后评估计划。

（2）配合项目经理部收集后评估相关数据，并将施工图预算后评估报告、成本后评估报告按进度计划提交公司总部相关责任人审核确认。

（3）负责组织评审项目部提交的后评估报告，提炼各项目后评估问题，提升企业 EPC 项目管理水平。

（4）负责组织后评估专题会议，参与讨论 EPC 工程成本控制成效与差距原因，明确相关责任部门成本管控的方向，总结造价管理经验。

2. EPC 项目部财务室

（1）负责提供项目成本数据。

（2）负责成本后评估盈利测算，配合完成除建安成本以外其他费用的差异分析。

3. 项目部设计管理室

（1）负责提供结算图纸资料，确认方案技术经济参数。

（2）参与后评估评审会，配合造价人员完成后评估分析报告。

4. EPC 项目商务合约室

（1）测算 EPC 项目方案设计、初步设计以及施工图设计阶段各专业工程造价并分析经济指标。

（2）按照企业总部 EPC 管理机构发布的后评估管理办法，上报项目各阶段技术经济指标、成本后评估报告。

（3）参与项目成本后评估评审会，负责对项目后评估相关数据进行解释说明。

9.1.4 管理考核要点

1. 时效性

（1）EPC 项目施工图预算后评估：预算批复后 20 天内，项目经理部商务合约室提交后评估报告到企业总部 EPC 管理机构；预算批复后 30 天内，完成定稿和发布。将预算编制完成情况作为项目部商务合约室月度考评的依据。

（2）成本后评估：需在项目整体竣工备案后 60 天内，完成后评估报告定稿。成本后评估报告的完成效率计入项目部商务合约室月度考评。

2. 数据准确性

报告质量：后评估评分以优、良、中、差评定，计入项目部商务合约室绩效考评。

3. 后评估工作加分项

后评估工作资料完整，要求提交的各项表单齐全、数据准确，报告文件思路清晰、分析合理、直观易懂。报告中总结的经验具有推广性，对其他 EPC 项目具有参考价值，可酌情加分。

9.2 项目收尾管理

9.2.1 管理目的

从项目移交给业主后，项目进入收尾阶段。项目收尾工作主要包括现场清理、竣工结算、人员撤离、物资撤离、回访保修等。

进行项目收尾管理的目的是规范工程项目收尾工作，闭合项目管理链，确保工程项目自计划开始至目标完成全过程受控，促进项目经营成果最大化；加快人力、物资、机械设备等施工资源在企业范围整合与流动，提高资源效益和时间效益；尽可能减少费用开支，避免效益流失。

在编制项目总结时，项目经理部应总结 EPC 项目收尾工作中的经验教训，以指导企业其他项目的相关工作。

9.2.2 管理流程

管理流程如图 9-1 所示。

9.2.3 管理标准

项目收尾管理标准按照以下 7 个方面执行：

（1）组织对验收时业主提出的质量缺陷进行修复，完成剩余尾工。

（2）项目竣工资料的编制、汇总和移交完成。

（3）组织项目复验，办理有关工程移交事宜。

（4）签订工程质量保修书。

（5）负责办理工程竣工结算，落实二次经营工作。

（6）组织进行与业主的工程价款的结算和回收；清理与各分包商、供货商的价款并支付。

（7）财务账项的移交，结余物资的处理，机械设备的移交或转移。

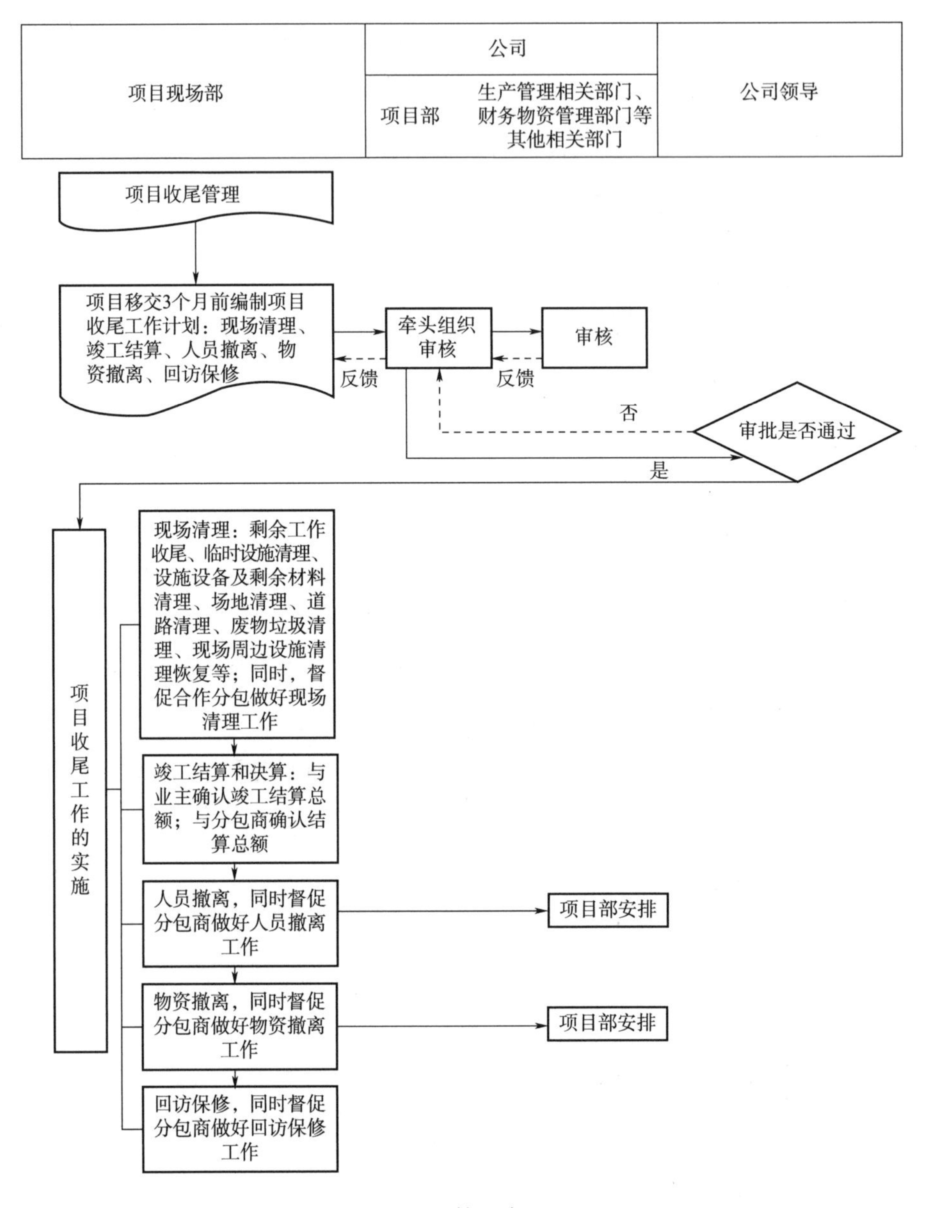

图 9–1　管理流程图

9.2.4　管理职责

1. 企业总部职责

各相关职能部门，根据各自的职责分工共同参与项目收尾工作，包括对项目收尾工作的进度、质量及其优化、风险规避等进行指导、检查与监督，对项目收尾工作的成本进行控制，履行项目结束后未结清的债权债务。

2. 项目经理部职责

编制项目收尾管理策划，并依据项目收尾管理策划和项目收尾管理规定编制项目收尾工作计划。项目经理部负责收尾的具体工作，包括现场清理、竣工结算、人员撤离、物资撤离、回访保修等。

9.2.5 管理考核要点

项目收尾考核包括以下 4 个要点：

（1）验收时业主提出的质量问题的整改情况。

（2）项目竣工资料的收集、归档和移交情况。

（3）工程竣工结算情况。

（4）财务账项的移交、物资设备的转移情况。

第 10 章 EPC 项目沟通管理

沟通管理是整个项目管理的重要组成部分，项目各项建设工作的顺利开展离不开有效的沟通。沟通管理过程中要做到高效、迅捷和准确，必须做到信息对称、输入和输出接口单一，避免信息传递失真。只有及时、有效的沟通才能够确保 EPC 项目建设有条不紊地进行，为项目建设和使用增值。

10.1 沟通管理目的

EPC 项目的参建单位众多、建设规模大、强度高且项目工期较长，在项目全生命周期实施过程中，制约与矛盾无时无刻不存在，企业部门之间、企业与项目部之间、企业之外的各参建单位之间以及与政府部门之间，倘若沟通交流不到位，各方需求表达与接收不准确、不完备，则必将影响到项目工期、造价、安全等指标的完成。EPC 项目各参建单位融为一体并建立有效的沟通管理机制是 EPC 项目建设取得成功的关键，只有共同为项目出力，才能够保证项目建设朝着合同约定的方向发展。

10.2 沟通管理要点

项目部是沟通事项的主体方，EPC 项目相关方的沟通包括与建设单位、勘察设计单位、咨询机构及政府相关部门的工作对接，通过沟通解决项目建设过程中的合同签订、施工、设计、报批报建、招标采购等问题。

1. 项目部沟通内容

项目招投标阶段做好对可行性研究报告和招标文件的研读和分析，特别是关于设计和成本等问题的相关描述，分析设计方案是否合理，成本分配指标是否符

合公司的要求，是否存在漏项缺项的情况，对项目可能产生的风险提前进行识别，并提出解决应对方案；中标后，项目部及时与 EPC 管理机构对接，做好项目资料收集，组织部门各专业人员分析总承包合同中对企业不利的条款，做好风险管控；在设计和施工阶段，组织召开设计方案评审会，对设计阶段性成果进行审查，做好各专业设计优化和施工过程中设计问题的解决工作。

2. 建设单位的沟通

与建设单位建立良好的沟通交流关系，积极与建设单位沟通了解项目的期望目标及前期准备工作，项目中标后要及时签订合同并与建设单位就合同中相关信息诸如合同总价、工作范围、工期、交付标准及各方权责等细节问题沟通到位，确保参建各方诉求在合同中合规合理体现。对于建设单位的要求要及时给予反馈，通过项目例会汇报施工过程中的问题和进展情况，在报批报建、规划验收、投资控制等工作中遇到问题时可以主动寻求建设单位的帮助，高效、快速地解决问题。

3. 设计单位的沟通

在项目投标前期与设计单位签订联合体协议，需明确各方权责，以此建立主责共担、各自风险各自承担的责任分配机制。协议需明确将限额设计落实到整个设计工作中，为后续开展设计管理工作提供保障。深入参与设计工作，共同制定合理的设计进度计划。分阶段对设计单位进行管控：设计准备阶段，分析设计任务书和使用需求书，确认项目的规划设计条件；方案设计阶段，确认项目的经济指标，确保方案设计满足功能和使用需求；初步设计阶段，向设计单位提出限额设计指标和相关方案优化意见；施工图设计阶段，对设计单位提交的图纸根据规范和计算书进行技术审查并提出修改意见。在过程中通过项目例会和设计研讨会与设计院沟通相关意见和成果，以规范和技术标准作为沟通的依据，展现出 EPC 牵头方的专业性。

4. 勘察单位的沟通

勘察单位通过现场钻探对项目建设场地有关范围内的地质、岩土等条件进行勘察并对场地进行分析评价，根据分析结果编制相应的勘察文件并为其他参与方提供相应的咨询服务。对于勘察单位提供的各项报告，应从设计角度对其内容和深度进行判断，若报告不满足设计要求应及时提出补勘要求，同时对勘察报告建议的地基基础方案、地基处理和基础选型、土层参数等进行分析并评判是否合理，若对此有异议，应及时与勘察单位沟通并由勘察单位出具补充说明。

与各级政府部门沟通。项目建设过程中涉及与政府相关部门的沟通，如规划和自然资源、住房城乡建设等部门，建立有效的沟通渠道，保证项目能够第一时间获取相关工作流程信息以及相应的政策制度，确保项目建设合法合规以及各项工作能够顺利开展。

10.3 沟通管理职责

项目沟通管理的职责就是确保 EPC 项目工期最优、质量有保障、合法合规建设，满足建设单位使用需求。

（1）项目经理职责：负责协调项目整体及项目重大事件，审查批准项目部日常文件，前期协调组织设计单位与建设单位明确设计条件，加快设计进程，合理安排施工过程中的资源配置。

（2）项目副经理职责：负责协调施工组织设计、施工专项方案审批和实施过程中的沟通管理工作，协调工程施工过程中的重要技术问题：①在授权范围内协调解决各部门、分包商、供货商等之间以及项目内部出现的问题；②给各分包商和各部门分派阶段目标，确保项目建设按照管理目标方向发展；③协调项目的决策工作，妥善处理项目出现的问题；④对项目进展情况及项目实施过程中出现的重大问题定期报告，负责请求项目上级主管部门和有关部门协调解决重大问题；⑤负责合同约定的工程交接、竣工验收等工作，负责编制项目总结和完工报告。

（3）项目设计经理职责：负责协调项目方案设计、初步设计、施工图设计、设计优化、设计变更等管理事务。统筹管理 EPC 项目的设计进度、质量，及时向总部 EPC 管理机构反馈设计工作问题，提交设计阶段性成果给总部 EPC 管理机构审核确认，待审批通过后再联合设计院向建设单位汇报设计成果。

（4）安全总监职责：负责协调施工安全管理与发包人、监理人、分包商的联系工作。

（5）工程经理职责：负责协调组织各施工标段、材料设备供应商按计划落实生产等项目施工生产管理事务。

（6）商务经理职责：负责协调合同、采购、计量计价、变更等方面与发包人、监理人、分包商之间的沟通工作。

（7）财务主任职责：负责协调项目预结算、决算及收付款等方面与发包人、

分包商的联系工作。

10.4 沟通与协调方法

（1）加强与各级政府部门的联系，取得政策上的支持。①严格执行政策强制性规定；②厘清政策制度的内在逻辑关系，尤其是若对相关政策要求有不理解或有指代不明确的内容，应及时沟通和请示政府相关部门；③阐述项目实际情况，将工程质量、安全、进度目标放在首位，取得相关部门的理解和支持。

（2）以互利共赢的思想影响建设单位和监理单位。建设单位、监理单位、总承包单位的管理目标是一致的，是合作共赢的利益共同体。但总承包方作为项目建设的直接组织与参与者，所肩负的担子最重，所以总承包方应想方设法以互惠互利的思想影响建设及监理单位并在管理工作上获得相应的支持，在满足建设要求的情况下加快工程建设，减少项目建造成本。

（3）注重团队内部沟通与协调管理，增强团队凝聚力和战斗力，强化内部成员思想建设，坚定完成工程建设的目标。从工程前端的设计到工程后端的施工生产都需要全体项目参建人员齐心协力、共同努力，才能顺利完成项目的建造任务，为建设单位交付满意的工程。

（4）建立项目月报制度。针对项目设计、施工进度等情况，项目部每月末以月报形式向建设单位报告项目当月存在的问题以及需要建设单位协调解决的问题，同时针对上月问题的处理情况以及下月的主要计划和安排进行汇报。项目部负责定期汇总施工分包、设计、勘察等单位的工作进展情况，采用日志、周报、月报等方式汇报，将月报报送建设单位及监理单位。

（5）建立有效的会议制度。通过召开总承包项目部例会、监理例会、设计方案评审会、设计图纸交底会等会议，协调项目参建单位之间的工作，汇报工作成果，解决项目建设中遇到的问题并形成一致意见，明确目标，制定工作计划，落实责任。

第 11 章

EPC 项目经典案例分析

11.1 某研究型医院项目案例

11.1.1 工程概况

某研究型医院项目集医疗、科研、教学、预防、保健、康复等功能于一体，定位为国家真实世界临床数据研究中心、国家临床医学创新中心、先进技术国家医学研究中心。项目设计理念为热带滨海地域性建筑、多中心式研究型医院。

该项目占地约 95 亩，总建筑面积 90270m^2，其中地上建筑面积 78270m^2，地下建筑面积 10843m^2，设置 500 个床位。主要包括医疗用房（共享平台）、大型医技设备用房、科研基础用房（设置国家先进技术临床医学研究中心）、国家热带病医学研究中心（国家重点生物实验室海南分中心）、新医学技术临床应用国家培训中心、国家真实世界数据研究中心和国家医学情报中心、动物实验中心、生物样本库、后勤保障、专家宿舍及地下车库等功能用房。

11.1.2 合同条款分析

该工程采用公开招标，合同范围涵盖了从方案深化设计、初步设计及概算编制、施工图设计、工程施工至竣工验收的全过程，以及设计、施工、运维三阶段 BIM 技术应用，并承担质保期内的保修责任，通过分析工程总承包合同相关条款内容，明确建设工程管理目标，推进工程履约。

11.1.2.1 合同工期

该项目合同工期为 730 天，综合考虑工程建设难度大和工期紧张等实际情况，在设计之初制定详细的分步出图计划，对设计、采购、施工进行精细化策划，以报批报建、设计、招标采购、工程建设为管控主线，制定三级进度计划管理体系，全面推进工程建设，实现工期履约目标。

11.1.2.2　合同价格形式

（1）工程设计合同价格形式：固定总价。

（2）工程施工合同价格形式：单价合同。

工程量清单计价以造价编制报告审核通过之日起前 28 天为基准日，以基准日当月由海南省建设标准定额站发布的当期《海南工程造价信息》中的琼海市价格为基准价格，根据发承包双方确认的施工图，按现行国家相关标准规范、海南省相关定额文件及规定进行计价，并执行工程施工费合同下浮率。

11.1.2.3　合同结算价

1. 工程设计费合同结算价

当按国家取费标准以海南省发展和改革委员会批复的概算投资额为基准计算的设计费 ×（1+ 工程设计费合同下浮率）高于中标人的中标价时，工程设计费合同结算价 = 中标人的中标价。

否则，工程设计费合同结算价 = 按国家取费标准以海南省发展和改革委员会批复的概算投资额为基准计算的设计费 ×（1+ 工程设计费合同下浮率）。

2. 工程施工费合同结算价

当发承包双方确认的施工图计价结果 ×（1+ 工程施工费合同下浮率）+ 合同执行期间非承包人原因引起的造价变化高于以海南省发展和改革委员会概算批复的建安工程费＋预备费时，工程施工费合同结算价 = 海南省发展和改革委员会概算批复的建安工程费 + 预备费。

否则，工程施工费合同结算价 = 发承包双方确认的施工图计价结果 ×（1+ 工程施工费合同下浮率）+ 合同执行期间非承包人原因引起的造价变化。

11.1.2.4　价格调整

1. 物价波动引起的调整

因市场价格波动引起的合同价款的变化，按照造价管理相关部门发布的信息价进行价格调整。人工单价按照施工期间海南省建设标准定额站发布的人工价格进行调整，人工价格有变化的，以进度为划分节点据实分别调整；钢筋、水泥、商品混凝土、砂（不含回填砂）以经发包人确认的承包人报送的实际进度月报记录为调整依据，根据实际进度计算相符的材料用量，并按当月海南省定额站颁布的《海南工程造价信息》中的琼海市工程造价信息，采用加权平均法计算其在施工期间的价格并与基准价对比，如高于或低于基准价 ±10%（不含）时，结算时按高于或低于基准价 ±10% 的部分调整价差，未高于或低于 ±10%（含）时不作调整。

2. 法律变化引起的调整

在基准日后，因法律变化导致承包人在合同履行中所需费用发生除上述“物价波动引起的调整”约定以外的增减时，不予调整。因法律和标准变化发生的工程设计费用增加，包含在合同价款中，工程设计合同价格不予调整。

11.1.2.5 合同价款支付

1. 预付款（或定金）支付比例或金额

合同生效且承包人提交同等金额的预付款银行保函 10 个工作日内，发包人向承包人（联合体成员当中的设计单位）支付工程设计费签约设计费的 15% 作为预付款；工程施工费预付款：施工图审查通过后 10 个工作日内或签发开工令后 10 个工作日内，发包人向承包人（联合体成员当中的施工单位）支付签约施工合同价的 10% 作为预付款 。

2. 工程进度付款

1）工程设计费支付方式

（1）合同签约后，支付工程设计费签约合同价的 15% 作为预付款。

（2）合同内要求的工程设计得到发改部门批复概算后，支付工程设计费签约合同价的 30%。

（3）施工图主体工程设计即土建部分施工图 (建筑、结构、机电部分) 审图通过后支付工程设计费签约合同价的 45%，并扣除预付款，实际支付工程设计费签约合同价的 30%。

（4）其他专项设计审图通过后，支付工程设计费签约合同价的 10%。

（5）工程竣工验收合格或实际投入使用后，支付至工程设计费结算价款的 95%。

（6）竣工验收或实际投入使用满一年后，付完全部设计费。

2）施工费支付方式

（1）在施工图通过图审后 10 个工作日内或签发开工令后 10 个工作日内，发包人将工程签约施工合同价的 10% 作为预付款拨付给承包人。

（2）在施工图通过图审编制的施工图预算经双方确认后 28 天内，发包人将工程安全防护、文明施工措施费基本部分一次性拨付给承包人。

（3）本工程按月进度支付工程进度款（以审定后的合同价款作为进度款的付款依据）。

A. 承包人完成合同内工程量价款按工程进度支付，每期支付相应工程量价款的 85%，且预付款每次支付进度款时扣回，每次抵扣该期工程进度价款的 20%。

B. 根据变更条款约定应增加的变更金额的 85%。

C. 根据索赔条款应增加（扣减）的承包人（发包人）索赔金额的 85%。

以上工程施工费付款节点所计算的工程量为上一付款节点至本次付款节点间所完成的不便于描述但按正常施工流程的所有工程量。

可计量措施项目费、不可计量措施项目费、规费、税金按形象进度节点的比例随工程进度款一同支付。

（4）承包人完成整个工程项目并验收，发包人应支付至签约本部分合同价的 85% 工程款。

（5）工程竣工验收合格后，支付至本部分签约合同金额与已审核确认的变更价款总和的 90%，竣工结算后支付至合同结算价的 97%，余 3% 质保金在缺陷责任期满后按质量保修核定的金额无息支付。

11.1.3 管理思路

11.1.3.1 商务管理

（1）重视界面划分，厘清各方权责。提前启动界面划分工作，对项目前期资料描述不清楚、有争议的事项制定解决方案；参考相似项目经验和项目实际情况，综合考虑报建、设计、施工、采购等事项，以综合最优为原则，做好各个单位之间的工作界面划分，减少专业分包单位施工界面和责任界定不清、日常管理工作不到位等情况。

（2）项目坚持“先算后设、算设结合”的方针，重点管控设计概算和施工图预算两个关键性指标，确保初步设计达到施工图的深度，施工图达到全专业深化设计图的深度，提升概预算编制的准确性和完整性。

（3）将成本管控重点延伸到设计阶段，通过多方案比选选择经济适用的方案，推动限额设计管理工作，多设计方案比选下采用最大综合效益方案施工的大思路。落实项目招标采购控制限额，严格控制各项指标，保证工程实体质量、总造价指标、各项限额指标受控。

（4）关注财政评审要求，确保程序和资料合法合规。政府投资项目的概算、预算和竣工决（结）算需要经过政府相关部门或者第三方咨询公司的评估与审查，工程总承包单位需注意暂估价材料认价过程中流程合法与资料合规的相关要求，避免认价环节资料不交圈造成结算审计核减风险。

11.1.3.2 设计管理

设计管理策划总体思路是将方案设计、初步设计和施工图设计三个阶段紧密地联系起来，挖掘各个阶段可以合并的工作，提高设计工作效率，在适宜的节点将各专项设计融入主体设计，使整体设计工作有序推进，实现设计创效。

1. 方案设计阶段管理思路

（1）关注设计方案变化，强化投资风险管控意识。

如建设单位需求与中标方案存在重大调整与变化，应及时复核投资估算，当投资超出约定的限额则应及时向建设单位汇报，根据建设单位的指导意见开展后续工作，避免投资风险。根据项目总投资，初步确定内控的成本目标，作为限额设计的第一道基准。

（2）关注重大方案的比选工作，加强过程评审与决策。

重点分析和论证影响工程成本、施工部署和资源配置的关键方案，组织专项汇报评审，综合考虑商务、技术意见进行决策，如幕墙方案、建筑材料、装配式方案、结构形式及基础选型、机电设备及净化工程系统等。

（3）快速确认建设单位需求，推动报建工作开展。

根据建设单位的修改意见和加以完善的方案，加快建设单位对设计方案的确认，规避设计方案未定而影响其他工作停滞不前的风险，快速启动方案报审程序，推动设计工作实质性开展。

2. 初步设计阶段管理思路

（1）实行经济指标与技术指标“双控”。

根据总成本目标，编制各专业投资限额指标，严格控制项目刚性成本。制定各专业限额设计技术指标，如单方钢筋含量、单方混凝土含量、单车位面积、单方工程造价等，实行经济与技术双控。

（2）梳理定额清单，合理选择材料设备。

该项目采用定额下浮进行合同结算，结合交付标准梳理定额清单，在总造价不超签约合同价的前提下，选择符合项目投资管控要求的材料与设备。

（3）严控专项设计，提升概算管理质量。

细化医疗工艺设计，同步开展幕墙、景观、智能化等专项方案设计，确保初步设计概算的完整性与准确性。完成设计概算的报审批复，作为新的总造价目标，并据此调整之前的总成本目标，作为限额设计的第二道基准。

（4）加强设计与商务联动，商务策划融入初步设计概算。

初步设计开展前将商务策划事项融入限额设计与优化工作，在满足规范、质量、安全要求的前提下严格控制初步设计图纸及概算，为施工图预算留足空间，避免施工图预算超标的风险。

3. 施工图设计阶段管理思路

（1）严格控制设计图纸的质量。

施工图完成后，组织建筑、结构、机电、暖通等技术人员开展联合审查，并辅以 BIM 技术，避免出现错、漏、碰、缺等问题，减少后期变更和设计修改，控制成本。

（2）制定分批出图计划，保障项目履约目标。

结合施工生产计划、投资控制和报批报建策划方案，编制分批出图计划，实现对 EPC 项目边设计、边施工、边报建的高效化管理，发挥 EPC 工程模式的优势，提升履约交付能力。

（3）选择合理的分包模式，确定专项工程设计与施工单位。

幕墙、精装修、园林、智能化等专业工程设计与施工宜独立分包；供电、供水、燃气等市政配套工程设计与施工选择同一单位完成；医疗工艺等特殊专业聘请专业工程公司完成设计与施工。

11.1.4 实施阶段管理

11.1.4.1 策划阶段管理

（1）招标采购前置，在策划阶段制定详细的招标采购计划。梳理工程总承包合同、招标文件、投标文件、可行性研究报告等前期资料，根据类似项目经验，结合投资控制目标、施工进度安排等，由项目商务合约室编制合约框架规划图、成本规划表、招标采购计划表，统筹管理项目招标采购工作；制定动态成本控制表，根据项目施工进度、工作界面划分、建设单位需求变化等及时更新成本控制表。

（2）制定里程碑计划，按节点目标推进各项工作。为了按照合同计划节点完成建造任务，必须促进设计与报建有效融合，设计与施工生产紧密衔接，实现设计、施工、采购协同工作。经济计划主要节点为概算和预算，设计计划主要节点为方案设计、初步设计和施工图设计，报建主要节点为工程规划许可证和施工许可证，施工生产主要计划节点为基坑支护、工程桩施工、地下部分施工和主体结构施工及竣工验收。

11.1.4.2 设计阶段管理

重点管控方案设计、初步设计、施工图设计三个阶段，全过程跟进和管控设计阶段的进度与质量；以设计管理为龙头，编制工程设计进度计划，多维度分析和比选最佳设计方案；通过沟通与反馈机制实现对项目建设周期的综合管理，合理组织报建、采购、施工、调试、验收等，推动各阶段工作开展。

（1）方案设计阶段管控：重点确认设计方案的经济技术指标和使用功能要求。为高效推进设计沟通工作，引入医疗工艺咨询单位对接院方各个科室，了解使用功能需求，反馈至设计院指导方案设计，书面确认医疗工艺流程设计要求。

从使用功能、投资控制角度优化设计方案，取消了环形连廊；为了提升使用功能和品质，将建筑单体从13栋优化为8栋，减少了对外立面及辅助功能空间的投入；优化地下室平面布局方案，减少地下室面积1885m^2，减少了项目地下室投资，避免了项目超概算的风险。

（2）初步设计阶段管控：确定工程做法、施工工艺和施工方案；编制限额设计技术指标，如限定建筑层高、地下室单车位面积、钢筋含量、混凝土含量、基础形式等，要求设计人员按照指标开展设计工作，落实初步设计阶段的设计优化与限额设计管控目标，从而将项目施工成本控制在合同价以内。

（3）施工图设计阶段管控：下达限额设计指标并复核施工图纸中各专业限额指标的落实情况，通过过程测算，对存在经济指标偏离的单项工程及时纠偏，对影响工程进度、质量的问题及时解决，并严格控制限额设计指标。

通过设计与技术管理（建筑设计优化、结构设计优化、机电专业设计优化、装饰装修优化）、工艺优化（结构工艺优化、机电专业工艺优化、装饰工艺优化）、

工程做法优化等措施，将优化意见落实到施工图纸上，在保障工程质量的前提下控制项目投资，规避项目超概算风险。

11.1.4.3　施工阶段管理

1. 注重合同细节

（1）关注合同中的里程碑节点、工程质量创优、相关技术（样板工程标准、BIM设计与施工标准）、设备、材料封样与进出场要求，对相应责任明确奖惩措施。

（2）明确工程款的结算方式、工期约定、付款条件、工程质量验收标准、责任范围界定、违约索赔和争议处理，以及履约保证金比例、预付款比例、进度款支付比例、质保金比例等。

2. 重视出图前图纸会审工作

在出具正式施工图前，组织技术人员对全专业图纸开展联合会审，重点核查错、漏、碰、缺等问题，根据审查意见及时调整和修改施工图纸。

3. 重视合约界面管理

同工种不同施工单位之间的界面管理，如精装修分几个标段，需注意各单位的职责范围，尤其是相交界面的细部处理。

对不同工种之间的界面划分，如精装修和幕墙、粗装修、医疗专项的界面以及其他界面，需要注意系统间不同工艺流程的有效衔接。

4. 重视小专项的大影响

医院项目专项工程多，尽管某些专项设计造价低，看似边缘，但忽略其重要性将影响使用，如污水处理需专业厂家设计，其内部结构需专业厂家提资，忽略废气管道走向和路径设计则易造成投入使用后维修和拆改问题。

5. 做好大型设备的配合管理

（1）设计阶段：机房辐射防护或者电磁屏蔽、机房承重、设备运输通道、冷暖空调、机房送排风等的一系列技术参数需在设计工作启动前咨询厂家或设备供应商进行确定。

（2）施工阶段：施工技术人员需事先了解相关专业图纸，系统检查各种大型医疗设备所需基础、给水排水、强弱电、医用气体等技术规定是否在各专业图纸中得到全面体现，运输通道是否满足运输要求。

6. 及时完成施工图预算编制

施工图设计阶段造价人员要全程参与，在施工图完成后及时完成施工图预算编制工作，通过预算、概算和合同价款对比，为设计师提供造价指导意见，引导设计人员优化和调整造价超标的设计内容，规避项目超概算风险。

11.1.5 管理经验总结

11.1.5.1 建设单位

建设单位作为项目的总协调人，需协助 EPC 联合体单位克服在工程建设过程中遇到的工程质量、进度和安全文明施工、投资控制等方面的困难。相关管理经验如下：

1）前期策划须对可行性研究报告的准确性和完整性做详细分析，对潜在风险点、缺漏项等列出详细清单，对设计阶段的工作做出安排部署和计划。

2）对于医院项目，医疗工艺流程是核心，工艺流程的确认涉及审批人员众多，流程烦琐，建设单位要全过程参与协调，做好医疗工艺流程的设计管理。

（1）一级医疗工艺流程设计管理：一级医疗工艺流程设计是项目的建设大纲，是编制初步设计文件等建设前期工作的主要依据，起到定项目、定方案的作用。

（2）二级医疗工艺流程设计管理：与设计单位进行全方位的沟通交流，了解设计单位需要协调的事项；与使用方及相关科室逐一沟通对接，统筹各方建议，形成统一的结论，提前考虑院方需求，减少后期变更。

（3）在土建施工与设计阶段，同步开展三级医疗工艺流程设计，细致到每一个功能房，此阶段重点在于多专业配合和协调。

3）设置专人负责报批报建工作，满足建设单位及政府相关部门的要求，推动施工期间各类证件的办理，确保项目合法合规施工。

11.1.5.2 EPC 联合体（设计单位）

工程前端的核心工作是设计，设计单位需要全过程完成设计、采购、施工的技术服务工作，发挥设计的主导作用，保证设计任务完成，推动项目施工生产活动顺利进行。

1. 重视设计引领，明确使用需求

设计图纸要完整表达建设单位需求，通过 BIM 建立可视化管线综合布置图，组织二级流程、三级流程交底；明确需求原则，结合医疗需求，关注与医疗行为相关的设备（如净化系统、污水处理系统等）及材料。

2. 严控设计进度与质量，提升设计管理质量

根据合同约定的交付节点，编制切实可行的设计总进度计划和分阶段出图计划， 根据设计阶段出图计划制定各专业提资时间节点及校核工作安排，对设计进度进行调整和监控，确保设计进度满足现场施工生产要求。

设计质量管理。严格把控各专业提资质量，做到审核、审定、会签齐全；制定各专业相互会签制度， 保证设计质量；通过设计校核和验证，及时解决设计过程中出现的质量问题，设计文件提交后发现质量问题，及时修改和调整，采取相应的纠正和预防措施。

11.1.5.3 EPC 联合体（施工单位）

作为联合体牵头单位，要沟通和协调各项管理工作，完成合同范围内的施工任务，推进项目建设。

1）建立信任机制，处理好与建设单位和监理单位的关系

从施工管理经验角度出发，向建设单位提出合理化建议，推进工程建设质量与进度，保障安全；每月 25 日向建设单位、监理单位提供当月工程统计报表及下月计划报表；安排专门报批报建人员，全过程跟踪并协助建设单位进行报批报建工作。

2）积极协调与设计单位的关系

由专业人员负责设计管理，重视限额设计与概算管控，从施工、成本等方面考虑， 审核各阶段图纸，提出合理化建议并及时反馈给设计单位，跟进设计出图时间节点，对有延迟的节点及时预警。

3）分包单位提前介入，部分专业工程采用设计施工一体化

引进有医疗专项工程施工经验的专业分包单位，要求分包单位提前参与设计阶段方案比选、图纸深化和造价管理工作。在满足建设单位需求的基础上，确定最优的设计方案及施工图纸，避免因技术和施工质量不达标导致成本增加，将投资风险化解在设计阶段。

部分专项工程采用设计施工一体化，如电梯、医用气体系统、放射防护工程、手术室二次装修、实验室二次装修、手术室二次装修、供电、供水、燃气工程等。

4）实现设计、采购和施工的深度融合

工程总承包单位需要完成设计、采购、施工及运营维护保修等阶段的工作，管理应向工程前端倾斜，对整个工程进行整体部署、系统安排，建立协调运行、

前后衔接的管理体系，确保顺利达成约定目标。

（1）将采购纳入设计程序，设计人员提供所需设备、材料的参数信息清单，采购人员根据清单进行市场调研和询价，采购人员将市场调研情况反馈给设计人员，确保设计工作与采购询价同步推进、同步实施。设计阶段与采购工作要进一步融合，既要保证在周期合理的前提下缩短总工期，也要在设计过程中确定工程使用的全部大宗材料和设备。

（2）项目施工阶段要统筹好设计、施工和采购相关工作，通过施工策划，充分调动内外部资源，建立内控管理制度，以施工计划为主线，合理安排各专业穿插施工，确保按期交付。

5）以报建验收管理为抓手

编制项目规划报建与验收进度计划，推动设计与报建工作有序衔接，确保项目合法合规施工并顺利通过竣工验收。

11.2 某安置房项目案例

11.2.1 工程概况

某安置房工程地处湾区几何中心，是粤港澳全面合作示范区重点项目建设的重要保障，也是提高城市形象品位的系统工程、民生工程。该项目以“水岸生花”为设计理念，以“幸福木棉，悦动连接”为设计概念，结合项目周边城镇的产业发展与空间布局，功能定位为集居住、生活、休闲及娱乐多种功能于一体的生活居住区。

项目占地 533 亩，由 68 栋高层住宅和配套商业、学校组成，地下 1 层，地上 32 层，总建筑面积 150 万 m^2，其中地上 114 万 m^2，地下 36 万 m^2，安置户数 10138 套。本工程为装配式建筑，采用全现浇外墙 + 叠合板、预制楼梯 + 预制内隔墙的装配式方案，装配率达到 51.4%。

11.2.2 合同条款分析

该工程招标方式为邀请招标，采用 EPC 模式建设，通过分析工程总承包合同相关条款内容，明确建设工程管理目标，推进工程履约。

11.2.2.1 合同工期

该项目合同工期为1825日历天，合同工期自中标通知书发出后30日起算，主要节点工期如下：

（1）设计节点工期：以发包人批准的工作计划执行

各设计阶段严格执行限额设计，如果各阶段图纸造成可行性研究估算、设计概算或施工图预算超限额，承包人应采取有效措施及时修改设计方案和图纸，由此造成的工期延误和产生费用由承包人承担。

如因承包人设计成果质量不满足要求，而需多次修改影响项目整体进度、现场施工进度或阻碍工程推进的，发包人将视情节轻重，给予经济处罚，并通报批评，严重的上报区行政主管部门处理。

（2）施工节点工期：以发包人批准的工作计划执行

根据工程实际情况，发包人有权对该工程中的关键节点工期进行适当提前调整，承包人必须采取一切有效措施保证关键节点工期的调整，不得延误，并不得要求另行增加费用。

11.2.2.2 概预算编制及审核原则

关于概预算的编制和审核原则、子项目合同价的确定原则、其他费用的编制原则如下：

一个立项包含多个子项目，一个立项按各子项目进行概算审核（评审、审批），一个立项包含多个子项目，多个概算。

以子项目为单位独立进行概、预、结算编制和审核。在控规不变、实施条件不变等前提下，经有审核权的部门审定的子项目概算不得超过原立项可行性研究批复中的子项目投资估算。

以子项目为单位独立进行概、预、结算编制和审核。在控规调整、实施条件变化、 招商引资、材料大幅上涨等情况变化的前提下，发包人仍可在总投资控制范围内实施的情况下调整各子项目的建设内容、建设规模、建设标准、投资估算以及专项费用，经有审核权的部门审定的子项目概算不得超过调整后的子项目投资估算。经审定的子项目概算小于调整后的子项目投资估算的，剩余投资额度可调剂给其他子项目或有关专项费用。

项目所在地区发布过相关新型投资体制管理办法，或有关文件规定，或有关会议纪要对相关概预算编制和审核原则以及子项目合同价的确定原则的，按有关文件或会议纪要执行。未有文件或会议纪要约定之前，按下列原则执行：

1）概（预）算编审采用定额及信息价：采用初步设计文件通过审查的时间对应的已发布的最新定额，信息价采用初步设计文件通过审查的时间对应的广州市建设工程造价管理机构发布的最新信息价格文件。

2）不计取优质工程费，但需要按合同约定，达到相应承诺的优质标准。

3）在概算编制和审核时，以子项目为单位独立计算各子项目的其他费，其他费按国家、省、市标准或协会收费标准计算。

4）子项目合同价确定原则：

（1）子项目修正合同价以有审核权的部门审定的该子项目概算总价作为控制数，按概（预）算审定时采用的定额，按实际开工时广州市建设工程造价管理机构发布的最新价格信息文件重新修订，结合投标下浮率（安全文明措施费不参与下浮）按修订后的价格签订子项目合同，“实际开工时”按照“时点需最贴近工程实际”的原则，以子项目总监理工程师发出的开工通知或开工报告中载明的开工日期为准。

（2）其他费以有审核权的部门审定的概算中确定的价格直接作为子项目合同中其他费的签约价格。

11.2.2.3 工程费结算原则

以签订的子项目合同中确定的综合单价包干，工程量按实结算；按系数计算的措施项目费，以签订的子项目合同中确定的系数为准，基数按实调整；按工程量计算的措施项目，以签订的子项目合同中确定的综合单价包干，工程量按实结算；以“项”“宗”等为单位的措施项目费，以合价包干，按“项”“宗”等整项包干计取；材料调差按相应的标准和种类进行调差；工程变更按变更结算原则进行结算。

11.2.2.4 专用条款分析

1）合同专用条款中约定，“各阶段设计文件经评审或审查，应达到国家、省、市规定的工程设计标准和工程设计应有的深度要求，并应是最合理、最优化的设计（以通过设计审查、咨询单位及政府行政主管部门或其授权单位组织专家的评审意见为标准）。否则，承包人应无条件进行修正、改进，其费用发包人不再另行计量支付”。从该条款可以看出联合体各方需要优化设计并确保设计最优，这也说明了针对该项目开展设计优化工作的必要性。

2）合同专用条款约定设计单位提交的限额设计方案经发包人确认后开展限额设计，限额设计严格按 3 个阶段进行：

（1）方案阶段的限额设计。根据发包人的项目总投资估算、设计任务书及相关限额指标要求，细化方案阶段的各项控制指标，经发包人同意后开展方案设计；按照合同确定的限额指标进行限额设计，细化各项指标；优化建设标准，进行多方案比较；分析估算的合理性。

（2）初步设计阶段的限额设计。按照方案阶段的经济指标，提出初步设计阶段的各项限额控制指标要求，发包人同意后，开展初步设计；对由于初步设计阶段的主要设计方案（包括总体规划、软基处理等）与方案阶段的工程设想方案相比较发生重大变化所增加的投资，应本着节约的原则，在概算总投资不超过可行性研究投资总估算及发包人确定的限额指标的前提下，经过方案优化，报发包人批准后，方可列入工程概算。如因采用新技术、新设备、新工艺确能降低运行维护或管养成本，又符合“安全、可靠、经济、适用、符合国情”的原则，而使工程投资有所增加，应在经济技术综合评价并通过必要审查是可行的前提下报发包人同意后实施；要求各专业设计人员强化控制工程造价意识，在拟定设计原则、技术方案和选择设备材料的过程中，应先掌握同类工程的参考造价和工程量，严格按限额设计所分解的投资额、控制工程量进行设计，并以单位工程为考核单元，事先做好专业内部平衡调整，提出节约投资的措施，力求将造价和工程量控制在限额范围之内。

（3）施工图设计阶段的限额设计。按照初步设计审定的概算书细化施工图设计阶段的各项限额指标，经发包人同意后进行施工图的限额设计；施工图设计完成后，承包人要提交施工图预算（预算编制费由承包人自行承担，发包人不另行支付），造价的偏差控制在 ±5%以内，如超过 ±5%，发包人有权要求承包人委托有造价咨询资质的单位重新编制施工图预算；施工图限额设计阶段，严格按照已审定的初设方案进行设计，凡涉及技术政策标准的更改或原审批方案的重大变化，需报发包人批准后方可开展施工图设计，但其投资不应突破概算审定的总投资控制范围。

从专用条款对限额设计的约定可知，工程总承包单位必须执行限额设计且对设计阶段造价数据的准确性负责，在设计过程中落实项目投资管控目标，规避投资风险。

11.2.3 管理思路

对于项目体量大、工期紧张的 EPC 项目，促进设计与施工、采购深度融合，是确保项目投资可控和工期履约的关键，具体管理思路如下：

（1）分清管理主次，建立项目管理的全局意识。项目中标后，全面梳理可行性研究报告、可行性研究批复、招投标文件、工程总承包合同、设计任务书、使用需求书、政府相关部门的批复文件、国家及地方规范文件，对于影响工程建设和投资的问题及时评判并向建设单位反馈。项目经理部分解各项工作并做周密策划，总部相关职能部门对项目目标、工作重难点进行研讨和评审并给出可行的指导意见。较施工总承包项目而言，该项目将重点工作落在商务与设计管理、降低项目工程投资和提升履约能力上。

（2）健全造价管控机制，压实投资红线。该项目虽然为安置房，但项目处于核心城区且对外有着展示城市形象的作用，建造标准高，需要做详尽分析，避免超概算风险。该项目以可行性研究批复的估算为投资上限，设计阶段严格执行限额设计，按施工图预算≤设计概算≤投资估算的原则对造价阶段实施管控，通过严控每个阶段的造价，实现项目投资控制目标。

（3）以设计管理为核心，分阶段管理设计。项目中标后设计方案未确定，未给出明确的设计任务书和使用需求书，项目部组织设计管理人员，参与前期设计管理工作， 与建设单位和设计单位沟通联动，发挥 EPC 联合体桥梁的作用，推动设计工作开展。该项目从概念设计开展，先后经历方案设计、初步设计、施工图设计等阶段，设计管理工作重点落在方案设计阶段，通过各个阶段的管理，提升项目的建造品质，从造价源头上控制投资。

11.2.4 实施阶段管理

就 EPC 项目而言，对履约创效、优化设计、提质增效等目标均需要在实施阶段采取有效的管理措施，促进各项管理目标落地。在实施阶段主要做的工作：①强化风险管理，提前识别风险并采取有效措施应对风险问题；②提升设计管理能力，做好设计优化管理工作，控制项目投资，提升设计质量，践行高端建造理念；③做好施工管理，实现 EPC 项目设计、施工的深度融合。

11.2.4.1　策划阶段管理

全面规划和部署，提前分析和研究永临结合、招标采购、现场管理等工作，制定合理的实施方案，通过实施阶段的精细化策划，实现高效化建造目标。具体做法如下：

（1）通过永临结合措施，降低项目施工成本。道路实施永临结合措施，降低道路部分造价；排水管永临结合，提前策划总平面布置，基坑支护图纸中的排水沟作为以后整个场地的排水沟。

（2）周转材料合理调拨。办公室集装箱、大量临边防护、钢木龙骨、钢板、电梯井操作平台等都通过公司内部就近调拨，降低周转材料的采购成本。

（3）提前介入深化设计。结构施工前，适当调整窗台高度、窗户和门的位置，确保装修阶段不出现刀把砖、小条砖。屋面结构施工之前，要完成屋面整体策划，对屋面上的花架及基础、管道风管布置、排水沟布置、排气管布置、屋面风井布置、设备基础尺寸及布置、支架及其基础、雨水口、分格缝等进行综合考虑。根据整体策划图可以对结构的预留洞、预埋管进行适当调整，确保屋面工程实用、美观。外墙后浇带临时封闭，外墙防水施工，确保肥槽能及时回填；所有温缩带优化为膨胀加强带；转角及接头采用定型化止水钢板。

（4）招标采购工作前置。提前编制合理的招标采购计划，严格按照招标采购计划组织招标采购工作；在分包分供合同中约定好进场时间，编制合理的供货计划，充分考虑加工周期；对现场影响比较敏感的材料构配件，要提前采取保障措施，例如PC构件要成立工作专班，在现场设置工具库备货。

11.2.4.2　设计阶段管理

提高设计能力，把设计作为管理核心，也是该项目在设计管理上的鲜明特点。项目部成立后，从专业能力、沟通能力、组织能力等层面选择设计经理并搭建“总部＋项目部”设计团队，打通施工与设计的壁垒，建立专业技术层面的沟通协调机制。依据合同限额设计要求，推行限额设计，多角度分析和优化方案，打造便于施工、造价可控、高品质的设计方案。

（1）加强风险管控意识，规避项目投资风险。设计管理人员分析可行性研究报告发现项目在立项阶段未考虑装配式建筑及对应的费用，项目实施阶段存在投资不足的风险。项目部联同设计院调研装配式建筑市场并向建设单位汇报装配式方案及投资情况，装配式建造费用由建设单位重新立项，从而应对投资风险问题。实施模块化设计，采用高度标准和统一的平面户型，在户型设计阶段提前邀请装配式深化设计单位参与方案设计，与建筑设计专业人员相互提资，力求使建筑方案平面布局规整、户型种类少、结构构件尺寸标准，降低装配式建筑的成本，避免设计反复修改。

（2）从使用出发，满足功能需求，合理化设计。安置房工程地下车位满足每户一个的配比是可行的，项目规划设计条件参考商品房标准，每户配置 1.2 个车位，多出的车位存在后续分配的问题，且多出的车位无法像商品房一样出售。项目建设规模大，合理规划地下室面积对建设单位控制投资和工期而言是有利的。

（3）促进设计与施工融合，推动精益建造。项目由 5 个地块组成，由于受用地指标、征地拆迁、设计出图、报批报建等的影响，不能一次性交地、施工。若 5 个地块单独开挖和支护，基坑方案测算成本远高于可行性研究立项阶段分配的基坑支护费用。安置区 A、B、D、E 地块为 1 层地下室，C 地块为 2 层地下室。基坑西侧距基坑最近处为 17m，B 基坑东北侧为高压线路，高压线最近处距基坑约 7.5m，其他部位无影响基坑施工的构筑物。1 层基坑深度为 4~5.5m，2 层基坑深度为 7.8~9.3m。基坑工程量大且施工环境复杂，在综合考虑 5 个地块实际情况后对比 6 种支护断面形式、9 种组合方案，最终采用 A、B、C、D 基坑合并开挖，E 基坑独立开挖的方案，地块间放坡解决先后开挖问题，兼顾了工期和经济性，降低了基坑支护工程的造价。

11.2.4.3 施工阶段管理

施工阶段主要是做好现场管理，实行精细化管理，抓质量严落实，从管理上提升项目的品质，在建造精品工程的同时创造效益。

（1）加强对桩基工程的施工与检测，控制基础工程费用。

优化试桩和桩基检测。依据《建筑基桩检测技术规范》JGJ 106，优化工程试桩方案，提前确定试桩位置、数量和参数，在基坑支护和土方施工阶段完成试桩及检测，通过试桩和检测报告修正设计桩长、桩径、桩数，控制桩基的成本，实现设计与施工的融合。

精细化管理桩基施工。编制桩基工程精细化管理制度，成立精细化管理小组，合同中明确管桩损耗，合同条款中配套奖罚制度，管桩精细化小组每 10 日统计一次数据， 编制管桩四量对比，通过数据信息及时调整控制措施。通过精细化管控，实现平均截桩长度 0.48m，平均损耗率为 1.71%，相较于定额损耗率 3.8%

而言，节约了管桩材料成本。

（2）优化施工工序及施工流程。

编制主体结构标准层施工各工序穿插节点计划，加强监督、考核、纠偏，加快项目施工进度，促进项目履约。

地下室顶板浇筑完成后，及时安排顶板防水施工，防水保护层施工完毕后可作为材料堆场、加工区和施工通道。防水施工完成后，可以有效避免地下室顶板渗漏。楼板后浇带模板独立支撑采用模板早拆体系，节约周转材料、降低施工难度、杜绝质量隐患。

（3）建立后评估及联合验收制度，推动项目合法合规建设。

为及时发现铝合金模板深化设计、施工中存在的缺陷和问题，建立了首层铝模拆模后评估制度。每栋楼首层铝模拆模后，实测实量指标，抹灰压槽、水管压槽、滴水线、 构造柱、下挂板、门窗企口、预留洞口参照建筑图、装修图、水电图逐一核对。对发现的问题逐一记录、逐一整改，第二层拆模后再评估，直至消除所有问题。

（4）为避免爬架爬升后，外墙相关工序有遗漏造成后续施工困难，建立了爬架提升前的联合验收制度。联合验收爬架提升安全措施、螺杆洞封堵、外墙防水、外墙腻子、外立面管道、外立面垃圾清理情况，联合验收合格后方能提升爬架。

11.2.5 管理经验总结

充分发挥 EPC 模式管理优势，有效促进 EPC 项目设计与施工的融合，快速推进项目建设。通过该项目的建造过程，可总结出如下管理经验。

11.2.5.1 建设单位

建设单位参与了项目建造的全过程，既是管理者也是决策者，对于建设单位而言，需重点关注决策阶段和实施阶段的相关工作。

（1）决策阶段：建设单位在编制可行性研究报告时，要考虑项目从立项到正式施工的周期、建筑行业规范调整、材料和人工费上涨等情况，如有的项目“十三五”立项， 但直到“十四五”才开始建设，对于这类项目，建设单位在启动招标前，应调研市场，分析和评判按照原先的投资是否可行，是否存在工程费用不足的可能，如因市场和规范变化而造成投资增加，建设单位应上报上级管理部门，由上级管理部门做出批示后再组织招标及建设程序，规避投资问题影响后续项目建设的问题。

（2）实施阶段：在设计准备阶段，建设单位要结合使用方需求和政府相关部门的批复文件编制完整的设计任务书，项目启动设计工作时要对设计单位交底，传达建设单位对项目的使用需求，厘清设计要求，对设计条件指示不明的地方要及时确认并向设计单位做出指示。在设计阶段，及时听取 EPC 联合体方的阶段成果汇报并做出工作指示，如对平面布局、户型、装修风格、景观园林的方案要在第一时间给予确认，以便设计单位推进后续的设计工作。对于 EPC 联合体方提交的投资估算文件、概算文件要及时审核和确认，对造价、设计、施工问题做出确切的指示。

11.2.5.2 EPC 联合体（设计单位）

设计、施工和采购深度融合是交钥匙工程的必备条件，设计院在此过程中起着至关重要的作用，蓝图的绘制是前提，品质与投资是关键，结合该项目的管理经验，设计单位要把握以下两点：

（1）树立限额设计理念，从源头控制造价。对项目概念设计、方案设计、初步设计和施工图设计执行限额设计，层层压实技术经济指标。依据规划设计条件开展设计， 要融合建设单位的使用要求及施工单位的施工要求，打造经济、适用的设计作品。设计单位内部要建立限额设计指标，通过限额设计指标来控制造价，规避设计超概算风险。设计单位内部要建立造价人员与设计人员的有效沟通机制，做到有图必有测算，采用造价数据反推设计方案。

（2）做好设计策划，有效推进设计与施工融合。项目合法合规建设是前提，方案报规、施工图审查是获得工程规划许可证和施工许可证的前置条件，设计单位要根据项目施工生产计划调整出图节点，协助报建过程进行技术沟通，确保报建工作顺利开展。

11.2.5.3 EPC 联合体（施工单位）

作为 EPC 项目的牵头方，施工单位要做好设计单位与建设单位之间的沟通和协调工作，应站在建设单位的角度去管理项目，主动推进项目建设，落实项目的各项管理目标，对于政府投资类 EPC 安置房工程的管理经验有以下几点：

（1）需站在建设单位角度去把控全局，选择沟通协调能力强、技术水平高的工程人员全过程参与项目设计管理工作，从控制投资、建筑品质、工期目标等角度为设计单位提供施工技术方面的意见，真正做到设计与施工融合。

（2）建立投资控制方法，杜绝项目超概算风险。严控项目概算，以分项概算指标可控、总体不能超总概算为前提进行最优方案组合，降低亏损项或高建造标准项占比，控制工程费用支出。

（3）做到有效沟通，与建设单位、设计单位、设计咨询、造价咨询建立问题沟通与反馈机制，推动项目各项目标落地。

（4）与行业专家建立良好关系，建立专家资源库，利用专家的专业能力为项目提供攻坚克难的技术保障体系。

（5）建立会议管理制度，定期召开管理例会，制定重点工作事项清单，责任落实到人，采取销项措施，做好项目工作复盘，及时纠偏与调整，推动设计管理和现场管理工作开展。

11.3 境外某住宅设计连建造工程案例

11.3.1 工程概况

境外某住宅设计连建造工程由两层地库、裙楼和 5 栋塔楼构成。项目建成后有利于缓解当地住房压力，改善当地居民的居住条件，是当地重要的民生工程，受到社会广泛关注。项目总建筑面积为 11.37 万 m^2，建筑高度 83.96~95.11m。地库一层为公交停泊及调度中心；地库二层为住宅停车场；裙楼主要功能为商业、社会设施；三层为平台层，需做结构转换；四层至各楼宇顶层分别为住宅的标准楼层。

该工程是当地首批运用装配式建筑技术的工程之一，采用钢筋混凝土框架和装配式组合结构，其中建筑凸窗、楼梯、叠合楼板、内隔墙采用预制构件。施工过程中将落实“五大建造”理念——高效建造、精益建造、绿色建造、智慧建造和人文建造。大力运用新技术、新工艺，打造节能环保、安全文明的智慧工地。

11.3.2 合同条款分析

该工程选用 EPC 管理模式，发包人采用公开招标方式选定承包人，通过分析工程总承包合同相关条款内容，明确建设工程管理目标，推进工程履约。

11.3.2.1 合同工期

该项目合同工期为 1260 日历天， 合同工期自工程开工令下发之日期起算。主要节点工期要求如下：

（1）节点 1：完成地库结构及地面层楼板结构，工期为 657 个工作天，自工程开工令下发之日起计算。

（2）节点 2：完成地面层楼板以上结构至天面结构封顶，工期为 315 个工作天，从节点 1 工期完成之日起计算。

在工程实施前，承包人需按照发包人要求提交内控工程进度计划，并经双方协商核准后，确定工程内控分级节点目标。

工程实施过程中，当发包人认为本工程的实际进度不符合工程内控进度计划的要求时，承包人应提交一份修订的进度计划，表明为保证在内控计划内完工而对原内控进度计划所做的修改及采取的必要措施。

在调整工程进度计划后若施工进度仍不能达到工程内控计划的要求，发包人要求承包人采取增加人手、机械设备或晚上加班等措施加快施工进度，承包人应无条件予以执行，并不得以此为由向发包人要求补偿或索赔任何费用。

11.3.2.2 工程费结算原则

该项目为总价包干合同，工程量计量按照项目合同约定的计算规则计算；工程结算金额为合同金额加上后加工程以及变更工程金额，乙方不得以部分或全部项目工程量变化为由提出任何形式的索赔；价格修订依据合同约定条件执行，修订金额不得超过建设单位批复的对应金额，其中除定做人批准的升降机类设备的供应、安装及保养单价，不予进行价格修订，在承揽工程施工进行中遇劳动力、材料成本上涨，只要证实符合项目所在地现行法律条款约定，即可以与建设单位商定修订合同价款。

11.3.2.3 合同有利条款

（1）特别条款中关于价格的修订约定“承揽工程的价格修订仅可在总承包合同签订满一年后，当人工和材料的成本与承揽工程施工当季对应于总承包合同签订当季有等于或高于 10% 的增幅时方可提出”，并约定“往后每期价格修订的金额应于该期指数公布后方予核算”。

应对措施：由此条款可以看出，对符合规范要求的劳动力、材料的成本上涨，可向发包人申请修订合同价格，建造过程中项目部要时刻关注劳动力、材料的成本变化，收集相关资料，如果成本上涨符合相关规范要求，则立即向发包人提出修订合同价格申请。

（2）安全项目投入计划约定，“以本承揽工程的判给金额的 1% 作为安全项目投入计划的费用，该计划为一项独立费用，评标中的价格评分计算不会包括安全项目投入计划的费用，该计划所指定的费用亦不会作工程的价格重算，同时，第 74/99/M 号法令第三十六条（因减少工作总金额而作之损害赔偿）亦不适用”。

应对措施：由此条款可以看出，安全项目投入计划的费用将在施工期间分期支付，每月根据职业安全和健康分发放费用，因此要熟悉安全项目投入计划的执行内容、评分规则及付款要求。

11.3.2.4　合同风险条款

（1）合同中关于工期违约的条款约定，“如果承揽人在合同所定且按行政或法定方式延期之期间内未完成工程，须对其按日科处以下罚款，直至施工完毕或解除合同为止”。

应对措施：此条款的主要风险是未能按合同约定竣工，承包人应承担违约责任并支付误期赔偿费，因此要提前进行设计优化，缩短方案确认时间；提前做好招标工作，确定分包单位，部署和做好施工准备工作；提前做好人材机等各类资源需求计划，合理安排施工；做好对上计价收款，对下结算支付，保障施工正常进行。

（2）合同中关于受雇人员的监控措施约定，“若承揽人或其分判商违反雇用工人的法律规定，判给实体有权单方解除合同，承揽人必须赔偿因此而造成的一切损失”。

应对措施：此条款的主要风险是因分判商违反雇用工人的法律规定，给企业造成经济损失，因此企业管理人员及分判商人员要加强对当地劳工法的学习，时刻监督并定期排查分判商雇用的工人是否符合当地劳工法规定。

（3）补充条款规定，“不在规范及适用规例文件中指定的，对建造材料及构件的试验结果采取的决定规则（即按试验结果确定建造材料或构件的接受或否决，对每一种材料或构件应遵守在本承揽规则、规范及适用规例档中所订的判定规则，或从缺时，在试验前同意的判定规则）：所有不符合承揽规则及工程的质量控制手册规定的最低标准的工作皆不被认为完成，承揽人必须自费负责其正确重建”。

应对措施：此条款的主要风险是未按照相关约定中质量标准施工，因此技术人员和商务人员要熟悉承揽规则及质量控制手册规定的质量标准，严格按照合同约定进行施工；对工作中的每一道工序都要严格把关，履行好报批报验程序。

11.3.2.5 变更索赔条款

合同条款中关于索赔约定“在本工程实施过程中，如果乙方遇到了任何不利的外界障碍或外部条件或任何其他情况而由此发生索赔时，乙方应向建设单位提供进行索赔所要求的材料”。

应对措施：明确各部门在变更索赔中的职责与分工，制定变更索赔管理制度；保持与建设单位高效沟通与对接，如发生变更索赔事项，及时、全面收集有关原始资料并立即向建设单位提出修订合同价，同时定期召开成本例会，树立变更索赔意识。

11.3.3 管理思路

该工程属于境外 EPC 项目，因其所处的政治环境、文化环境特别，在项目管理思路和方式上也不同，而且项目地块后期交付涉及多个部门。一方面要遵守设计基本要求，同时满足各部门独特的设计要求；另一方面也要积极与建设单位沟通，协调处理相关问题。为做好此类项目，确保项目保质保量交付，该项目管理思路如下：

（1）收集和分析基础资料，项目中标后，项目部收集与该项目有关的工程资料， 如招标文件、周边同类型住宅项目的指标、预算资料、技术方案等。通过对标分析，快速给设计院下达各项限额指标，实施限额设计，实现项目投资控制目标，避免增加建设单位的投资风险。

（2）掌握项目所在地概算、预算审批流程并厘清价格真实水平，该项目的报价要经过建设单位的审核，提前了解并掌握结算审批流程、现场工程量确认流程、过程认价流程、品牌报审流程、工程款审批流程、审核要求、审批原则、计量计价规则、相关造价信息等相关内容，为项目造价管理工作奠定基础。

（3）做好资源整合，建立专业分包资源库，在设计与施工阶段，充分发挥分包单位的专业技术能力，提升设计优化效果。

（4）通过控制概算指标，提前介入设计创效工作，加强与设计单位的沟通，采用成本低、方便施工的工程设计做法。组织初步设计图纸审查及概算核对工作，汇总图纸优化及概算修正意见，与设计单位进行技术沟通和研讨，根据设计与施工双方确认的指导意见调整初步设计图纸；提高施工图预算文件的编制质量，通过市场询价和设备材料选型为施工图预算编制提供切实可行的造价数据，提升施工图预算文件的准确度。

11.3.4 实施阶段管理

11.3.4.1 策划阶段管理

1. 项目部组织机构建立

由不同专业的技术人员组成设计管理部，设计经理负责协调和管理设计优化并深化设计工作，重点管控设计图纸、设计优化、BIM 设计、装配式深化设计四个方面，建立高效的沟通机制和工作流程，落实设计管理工作。设计管理人员对设计图纸进行全过程把控，与设计院紧密配合、实时沟通，关注设计变更对造价的影响，编制设计优化清单。

2. 项目土方及场地策划

本项目基坑属于深基坑，出土量较大且基坑底部为淤泥质土层，土方开挖难度较大， 出土紧邻海边，水位较高，潮汐水影响出土，通过超前策划、配合设计优化减少基坑开挖深度，同时设置专业抽水系统，增加抽水泵和出土机械，克服基坑开挖困难。

建筑地库边界线几乎紧贴用地界线，地库施工期间材料机械进出影响较大，经各方讨论，决定在场地内部设置钢栈桥用作土方外运、地库结构施工、钢支撑安装的材料运输及施工通道，为提升现场施工速度创造有利条件。

3. 降本增效策划

该项目为总价包干合同模式，非建设单位提出的增项无法获取变更和索赔，故只能通过控制非必要成本以达到节约成本的目的，主要从设计优化、技术优化、成本管理和缩减非实体成本等几个方面对成本进行控制。项目成立降本增效小组，在项目前期全面推动设计优化，实施过程中工程技术与商务合约室联合审核技术方案，商务合约室要重点关注施工过程中的实体和非实体消耗量与成本测算数据的差异，实施动态管理，降低项目非必要成本支出。

11.3.4.2 设计阶段管理

1. 合理优化设计，严控结构成本

优化地下室层高。设计阶段利用 BIM 技术进行地下管线综合分析，采用降低梁高、调整设备管线高度、减小地下室顶板覆土厚度等措施，优化地下室埋深。层高的优化减少了土方开挖和基坑支护的工程量，同时也减少了结构和装修等的工程量。

2. 理论与实际相结合，降低项目成本

（1）项目开工后组织地质勘查作业，最新地质勘查报告显示土体力学指标均强于投标阶段预估的土体力学指标，与设计院研究和分析地质勘查报告，修正岩土工程参数并重新调整结构计算模型，对基坑支护的内支撑型钢梁、立柱、对撑的型号进行优化，减少了在被动区加固旋喷桩的宽度和深度，调整了闸板型号从而减少了闸板用钢量，优化了内支撑立柱的入岩深度等，为后期施工和成本控制创造了良好的条件。

（2）项目原方案使用 600PHC B 型管桩，B 型管桩的价格高于 AB 型管桩，为了控制项目投资拟采用 AB 型管桩，结合施工经验、现场情况和计算复核，用 AB 型管桩替换 B 型管桩的方案是可行的。

（3）根据最新勘察报告中的岩土工程参数，调整了结构模型，从而优化了管桩的长度；原桩基础抗浮承载力设计取值 600kN 相对而言是偏保守的，通过咨询项目所在地土木工程师的专业意见，经计算验证将抗浮承载力调整为 750kN 是可行的，通过提高抗浮承载力有效减少了抗拔桩的数量，降低了桩基费用。

（4）投标阶段项目地库和裙楼均采用无梁楼盖体系，中标后经过内部评估并与设计单位设计师研讨和分析，经过对多种楼盖体系建模、计算，从经济性、安全性、可行性层面分析，认为现浇梁板体系较无梁楼盖体系更合理，将裙楼位置和塔楼覆盖范围内地库修改为梁板结构，梁板结构较无梁楼盖而言更为安全且适用于裙楼跨度不大的位置，另外梁板结构相较于无梁楼盖结构的自重降低，对于基础设计的优化更为有利。

3. 推动设计与施工的融合，实现精益建造

（1）项目前期投标阶段文件中预制构件种类较多，所需构件的生产模具也较多，在设计阶段重点要优化和减少构件种类，减少预制板模具的费用支出。

（2）叠合楼板双向板四面出筋，具体操作时钢筋不便于施工，给施工带来一定的难度，将叠合楼板优化为单向板或键槽式等样式，可以有效提高施工效率。

（3）在施工前利用 BIM 技术进行土建部分与机电安装部分的碰撞检查，及

时排查问题并修改图纸，避免后期剔凿而增加施工工作量。

（4）加强对预制楼梯构件的优化，楼梯不贴陶瓷锦砖或在工厂直接预制好完整成品。

（5）注重预制与现浇构件连接节点的优化，国标规范规定板端支座处、预制板内的纵向受力钢筋宜从板端伸出并锚入支座梁或墙的现浇混凝土层，在支座内锚固长度不应小于 $5d$ 且宜伸过支座中心线，而项目所在地无此规定，通过与设计师分析和研究，采用国标规定进行优化，从而减少钢筋锚固长度。

11.3.4.3 施工阶段管理

1. 优化施工工序，提高施工效率

（1）由于项目当地雨季施工时间较长，对土方开挖和现场安全文明施工有较大影响，通过土方开挖部署加长栈桥布置范围，加大长臂挖机的工作半径，增加出土口数量，从而加快出土速度，提高开挖效率。

（2）地库结构按照后浇带合理划分施工区域，考虑项目当地混凝土日最大供应量进行合理布置，设置两个班组分区施工，提高施工效率，加快施工进度，将普通后浇带替换为膨胀加强带，缩短结构施工工期。

（3）编制施工方案时做好主体结构标准层施工与各工序穿插节点的计划安排，合理安排装修、结构与机电施工的工序穿插，过程中加强检查、监督、纠偏、考核；结构、砌筑、抹灰、粗装修、精装修按照4层的间隔进行穿插，实现流水作业，减少窝工，避免劳务分包索赔。

2. 运用新型施工技术，提高工程质量

（1）采用混凝土裂缝控制技术结合大体积混凝土无线测温技术、混凝土结构应力应变监测技术以及混凝土配合比的优化等技术，可有效减少混凝土裂缝产生，提高混凝土结构施工质量。

（2）采用配电箱预制预埋工艺，配电箱随现浇墙板一次浇筑，施工方便，无须预留洞， 减少后期开槽、封堵等各道工序，避免了因封堵不规范导致墙体开裂等质量问题，减少了安装阶段的剔凿、修补和封堵等施工工序，在保证楼层电箱周边砌体施工质量的同时，减少了此部位施工人力和材料的投入，在一定程度上缩短了工期。

3. 装配式构件运输道路优化

装配式构件运输和堆放要避免影响施工道路和基坑，施工道路采用永临结合措施，利用场地内原有消防车道，减少地下室顶板支撑回顶和道路地基处理的费用。

11.3.5 管理经验总结

对于境外 EPC 工程的管理，建设单位、EPC 联合体相关单位在建设过程中要协同工作，推动项目建设。

11.3.5.1 建设单位

1. 重视 EPC 项目可行性研究估算和概算编制的质量

为了避免 EPC 工程实施阶段出现超概算的问题，建设单位必须严格管控可行性研究估算和概算编制工作，不得直接套用其他项目的造价指标。建设项目概算应当由具有相应资质的设计单位负责编制，建设单位应组织内部造价人员组成团队对概算文件进行审核，也可委托第三方单位或邀请同行业专家组成专家团队审核，确保概算编制的准确性。

2. 严控设计阶段的质量

分析设计任务书和使用需求书，明确设计条件及要求，避免数据不准确或漏缺导致后期实施阶段施工及采购成本增加。重视设计方案审查，特别是建筑方案总图、结构设计方案、 基坑支护方案等，要组织设计人员或者行业专家研究和论证，形成书面的审查和优化意见，指导设计单位进行优化设计。研究不同地区的设计规范及当地的设计标准，与负责审查项目图纸的审图机构沟通图审标准和要求，避免因不符合审图机构标准而大范围修改设计图纸的风险。

3. 加强施工阶段的进度管理

影响项目施工进度的因素较多，如物资到货周期、分包单位进场计划、雨季、高温等都可能导致项目进度滞后，建设单位应加强对总承包单位施工组织设计方案的审核和进度纠偏管理。在施工组织设计方面，建设单位要着重审查总包单位各项交接面的节点控制，如场地平整与土建施工节点、土建施工与机电安装和装修节点等，建设单位根据项目建设的特点及施工方案确定几项关键过程时间控制节点，作为进度考核要点进行重点监控。

11.3.5.2 EPC 联合体（设计单位）

1. 设计策划工作前置，理清境外项目设计工作要点

提前做好设计策划工作，在项目设计准备阶段，组建设计团队，熟悉当地标

准和规范文件及绘图要求和审图规则，分析境外项目设计的重难点和侧重点，包括标准内容、编制原则、设计软件、报批程序、技术要点、商务流程等，提前识别设计风险并提出解决方案，制定符合境外项目管理要求的设计流程，梳理设计优化事项清单并将优化内容落实在施工图纸上。

2. 落实限额设计，从源头上降低工程造价

将限额设计理念贯穿设计全过程，各专业设计时都要注重多方案比选，从不同角度进行设计的经济性对比分析，结合施工的可行性和便利性，推演出最优的设计方案。在施工图设计时，要做到精细化，选取的计算参数、设备材料、构造做法等均要遵循经济性、安全性和适用性的原则，做好细部节点优化，提升工程质量。以项目管理目标为出发点，将设计施工和采购紧密融合在一起，全方位促进工程建设高标准、高质量、高效率推进，将限额设计融入工程设计至交付的每一个环节，从源头控制项目造价。

11.3.5.3　EPC 联合体（施工单位）

1. 周密策划，做好投标阶段的准备工作

在招标阶段要组织商务、技术、工程、设计各专业人员成立合同评审小组，提前完善合同文本，明确合同所包含的施工范围、质量、安全、工期、文明施工方面的内容， 研究和分析招标文件要求，对招标文件说明模糊或者有歧义的地方及时反馈并查看发包方的答疑文件；根据当地的工程建设经验，在投标阶段完成设计策划并制定设计优化方案，为项目中标后的设计优化和投资管控工作提供指导意见。

2. 加强参建单位之间的沟通与协调

有效的沟通在项目管理中具有关键作用，通过沟通落实项目管理目标。在设计阶段和施工阶段，建设单位、设计单位、施工单位及顾问单位之间的争议将直接影响项目的建设和管理工作。通过积极主动的沟通，尽可能让各方全面了解项目建设过程中需要解决和协调的事项，有效推进项目各项工作。一方面，应及时向建设单位阐述项目施工和设计方案，了解建设单位的意见和要求；另一方面，应加强与设计单位、顾问单位、审图单位的沟通，优化设计方案和施工方案，解决设计和施工的技术难题，提升工程质量，减少工程投资。通过合约把控，将设计优化要求加入设计合同，约定优化奖励机制，加强沟通联络机制，与设计师建立良好的沟通关系，此外，还可以组织专题会议，落实责任归属，形成会议纪要。

对于一些关键岗位，可以聘请熟悉当地建设制度的工程师，推动与当地政府相关部门沟通协调，消除分歧，加快项目建设。

3. 合理实施设计优化，降低项目成本

建设单位对招投标阶段已确定好的方案要求十分严格，在实施过程中不允许将原有的开项取消，即使原有方案存在不合理的开项也很难进行优化，对于此类项目可通过减量保质保项、减措施保实体、减量不减项、发挥分包资源优势等方法积极在结构、装修、机电等专业上开展设计优化工作，通过四量对比数据分析及责任成本小组研讨，寻找降低项目施工成本的途径，减少相关工程量，降低不合理消耗，及时分析节超原因并提出整改措施，从而达到控制造价的目的。通过多家单位询价，采取多轮谈判的策略，全面了解市场价格，选用报价合理、施工能力强的分包单位。

4. 加大设计管控力度，提高工程质量

加强对设计图纸的审查与复核，重点关注不同专业碰撞、可能出现错漏的设计内容，施工过程中尽量避免设计变更，以免现场拆改产生费用。协调各专业设计师开展图纸审查工作，另外利用 BIM 技术复核施工图纸，争取在施工前解决施工图纸错漏碰撞问题。积极配合顾问单位、审图单位监督检查，整改落实检查发现的问题，提升项目质量。

5. 持续改进管理体系，推动体系高效运转

持续改进项目管理体系，及时把科学、合理、有效的措施融入管理体系。项目管理体系按项目管理过程构建，将质量要素融入管理过程，做到要素全覆盖、流程规范化、表单标准化，确保体系运行高效、可靠。

6. 发挥资源优势，提升项目管理效能

对于境外项目的管理，要充分发挥 EPC 工程总承包管理优势，在工程实施过程中，联合体牵头单位要与参建单位沟通和协调，了解其诉求，促进设计、采购、施工高度融合。

以项目目标为核心进行统筹策划和管理，以实现项目高效建造为目的，改进各项施工方案、设计方案，最大限度发挥 EPC 总承包模式管理优势，优化各方资源配置方案，落实项目工程投资、进度计划、质量管理、安全管控目标。

11.4 某项目投标管理经验案例

11.4.1 国内某科研院校项目案例

11.4.1.1 项目背景

某学校项目占地约 301 亩，总建筑面积 28 万 m^2，其中地上 23.6 万 m^2，其他建筑面积（含架空层、地下室、人防工程）4.4 万 m^2。项目定位为面向前沿科学和技术的研究型大学，建设具有全球影响力的科教机构，服务区域社会经济发展，打造粤港澳大湾区前沿科学研究和高技术应用的人才培育基地、成果转化基地和创新创业基地。

项目建造标准高，意味着项目的施工难度和建筑安装工程费的投入会相对较多，项目投资不能超过已批复的投资额度；采用 EPC 模式，作为工程总承包商必须具备设计、施工、采购及运营维保等阶段的统筹管理能力，实现工程进度、项目成本、工程质量、项目安全等管控目标。

11.4.1.2 管理经验

决策阶段编制的项目建议书和可行性研究报告，直接决定了项目的建设规模和工程投资。可行性研究阶段的各项工作对项目目标能否实现起着决定性作用，对于建设单位和工程总承包单位而言，要做好标前策划管理工作，提升项目管理质量，制定切实可行的措施规避项目投资风险，从而有效推进项目各项工作开展。

1.EPC 项目建设单位

（1）结合实际，制定可行的开发和投资计划。

由于项目规模大且建设周期长，从立项到投入运营的时间不确定直接影响工程建设阶段投资的可行性。材料价格变动、市场环境变化、国家法律法规变化、建筑行业规范更新等因素直接影响工程投资。建设单位在编制项目可行性研究报告时，要调研市场上人工、材料、机械设备等的实际费用，参考同类型、同规模、同区域项目的投资情况、建设周期，制定符合项目实际的投资开发计划。在项目启动招标工作前，分析和梳理项目的投资数据，依据建筑市场信息评判原先的投资是否满足建设需求，如无法满足，则要及时向上级主管部门汇报，在解决好投资问题后再组织项目招标，避免带着问题招标，从而影响后续项目建造工作。

（2）优化建设项目投资费用构成。

建设项目总投资由工程费用、工程建设其他费用、预备费、资金筹措费和流动资产投资组成，其中工程费用是可以直接用于工程建设的，虽然项目总投资满足要求，但若费用分配比例不合理，则会导致项目实施阶段工程费用偏低，从而引发设计变更和索赔。

如某栋科研楼由于使用的特殊要求，存在实验用房较多、层高较高、荷载重、外立面造型复杂、有重型钢结构、实验设备安装难度大等设计与施工问题，对标同类型项目工程费用，第一版可行性研究报告编制的工程费用相对偏低。设计院内部经过多次技术分析和造价测算，与建设单位汇报项目投资情况并提出调整估算预备费比例的建议，建设单位结合实际情况将可行性研究估算预备费由 6.25% 调整为 4.11%，并将此部分费用划入建筑安装工程费，降低了项目实施阶段工程费用不足而影响工程建设的风险。项目可行性研究估算的设备一栏中包含了固定座椅、可移动设备、移动家具等，对比同类项目，其估算不含此类设备造价，在编制可行性研究投资估算时降低设备费用，对应增加到工程费用。通过合理规划工程总投资的组成，规避项目施工阶段工程费用不足的风险。

2.EPC 项目投标方

EPC 项目联合体在投标阶段要做好策划工作，在提升中标概率的同时也要规避中标后工程建设潜在的投资风险、设计风险和施工风险。

（1）发挥设计与施工优势，组建专业化联合体。

该项目接受联合体投标，在投标前，设计与施工单位签订联合体协议。为充分发挥设计的引领作用，对于施工单位牵头的 EPC 项目，选择专业技术强、服务水平高的设计单位是提升设计管理质量的重要前提，建立与设计单位的战略合作关系，在投标前选择具有同类型项目设计经验的设计单位，共同参与项目投标工作，实现强强联合，提高项目中标概率。对于设计单位牵头的 EPC 项目，遵循同类最优原则，为项目中标和后期建设奠定基础。

（2）梳理和分析项目基础资料，做到合理化投标报价。

因项目建造标准较高且使用需求较多，投标前详细梳理招标文件、分析合同条款、 可行性研究报告、设计任务书和使用需求书，根据政府发展战略及建设单位要求、项目定位，制定投标报价策略。

对标其他学校项目投标报价、建造和结算经验，从设计标准、工程技术、单方工程造价等方面进行横向对比并结合企业以往项目的造价指标库，做到合理报价。

（3）做好各项工作策划，编制可行的技术方案文件。

编制符合项目实际的技术标文件。制定切实可行的技术方案，做好设计方案、报批报建策划，把控项目关键节点，确保项目履约目标实现；设立工程质量目标、科技创新目标，结合设计文件完善施工工艺，制定提升工程质量和施工速度的方案，工作策划要以满足发包方需求、符合发包方的管理要求为宜。重点把控技术标文件编制质量和深度，通过高标准的工程策划和技术保障，向发包方展示联合体单位有能力、有资源、有方法实现项目管理目标，从技术层面提升发包方对联合体的认可度，提高项目中标的概率。

11.4.2　境外某住宅项目案例

11.4.2.1　项目背景

境外某住宅项目是政府投资建设的民生工程。当地建筑市场采用 EPC 发包模式的项目不多，以该项目为契机，展示企业 EPC 项目管理的专业化能力和服务水平，解决建设单位项目建设全过程管理的问题，达到以干促揽的效果。

11.4.2.2　管理经验

该项目所在地建筑市场 EPC 模式主要参考欧美及西方国家相关规范，该项目采用 EPC 模式，参建各方要综合考虑 EPC 工程的建设要求和管理标准。招标单位能否选择到专业化承建企业，投标单位能否脱颖而出，与投标前准备工作息息相关。

1. EPC 项目发包方

（1）科学选取招标模式。

EPC 发包方要合理选取招标模式，结合国际工程大型招投标的经验来看，如果项目本身工期要求特殊、施工成本较高，宜避开公开招标。鉴于此情况，邀请招标方式往往更适合国际工程项目，这样不仅可以节省一定的招标成本，也能给项目缩短一部分工期。根据工程所在地建筑企业的规模、履约能力、口碑，邀请 3 家以上有实力的企业参与投标，从而有效推进项目建设。

（2）加强投标单位资格审查力度，推进投标工作开展。

境外 EPC 工程对投标单位的建造能力和管理能力要求较高，境外工程建设涉及的工作流程相当烦琐，施工采购与竣工验收，均需要投标单位具备相应的协调能力，发包人应加强对投标单位的资质审查力度，对投标单位的境外工程建设能力、设计能力、施工能力、竣工交付能力以及项目运营维保能力进行评估，判断投标单位具备境外施工的能力，确保中标单位能够顺利完成工程建设。

（3）规避不平衡报价的风险。

目前，工程量清单招标较为常见，一些投标人在投标的过程中采取不平衡报价策略，对于相对容易施工的分项工程采取高单价，对于相对困难的分项工程采取低单价，整体以相对于其他分包单位较低的报价呈现给招标人，后期再利用不良的方式进行索赔。分包单位完成高利润部分工程后，对施工难度大、低利润的部分工程不履约，而总承包商在工期的压力下，不得已与其重新进行定价，抬高分项工程成本。此类实例在国际工程项目实施过程中不胜枚举，往往给总承包商带来难以估计的损失，易造成成本失控。

EPC 发包方要对招标流程进行灵活的修改，针对专业工程直接进行议标程序，对于常见工程采用先公开或邀请招标，通过招标、议标相结合的方式确定中标人。通过邀请招标的方式体现公正公开，使各分包单位有平等的机会参与项目投标，根据最终谈判结果使分包成本满足总承包商的预计控制目的，同时大大削弱了不平衡报价给总承包商带来的合同风险。

因此，在国际工程实施过程中，招标人应根据项目所在地及自身特点，制定一套符合项目特征的招标流程，以便更好地服务招标项目。

2. EPC 项目投标方

（1）树立国际工程建设理念，明确招标要求。

境外 EPC 工程采用的标准一般都是英标、欧标或美标，与我国的国标存在较大的差异，且境外工程难以得到国内法律的支持，符合合同条款的事项相对容易沟通，与条款相悖的事项则难以施行，因此合同的执行变得尤为重要。

收集和分析项目招标资料，明确项目建设需求并做出有针对性的响应，可以提高企业的项目中标概率。该地区 EPC 项目管理模式有别于国内 EPC 项目，投标方首先应收集当地同类型项目建设信息，了解当地 EPC 模式管理特点，厘清各方主体之间的关系，为后续协调和沟通工作提供便利条件；投标方应梳理招标文件，明晰招标单位的招标需求，研究招标文件的内容，从付款方式、技术要求、施工工期、售后服务、业绩要求、优惠条款等不同方面有针对性地制定投标方案。

如招标文件要求竞投者须至少采用一种装配式预制件进行项目施工且工程评标标准对装配式预制件的评分占比为 15%，投标方应充分理解评标标准并在技术标文件中积极响应。该项目设计变更要求严格且项目执行减量不减项规则，只有提前介入设计工作，结合招标文件、勘查报告、同类型住宅项目造价指标和设计指标合理设计，才能避免后期工程变更，减少因设计变更带来的损失。

（2）搭建专业化管理团队。

联合体施工单位要成立专业化的境外项目管理团队，从语言能力、技术能力、协调管理能力等方面加强培训，培养具备承担境外项目能力的管理人才。聘用项目所在地专业水平高的设计人员和施工人员。对于境外 EPC 项目，选派的管理人员必须精通项目所在地语言，同时具备商务谈判和设计管理能力。

联合体设计单位要选择具备境外项目汇报、技术沟通和绘图能力的设计师负责项目全过程的技术工作，保障设计图纸的深度能满足施工生产的要求，且能与建设单位和政府相关部门沟通并向其汇报。

（3）深化技术标文件深度，高标准编制技术文件。

在国际工程项目的投标中，招标文件明确了建设单位对项目的工期安排，同时要求投标人不仅提供报价，还要求投标人提供工程进度计划和施工方案，建设单位评标标准是投标人是否采取了合理的措施，能否在中标后按期完成工程承包任务。施工组织设计、工期和资源的优化以及施工队伍的选择不仅是招标人的要求，对投标人有效竞标也尤为重要。制定合理的工期与施工进度计划，拟定合理的资源投入，是承包商确定施工方案、使效益最大化的重要途径。技术标文件的全面性不仅对投标报价有着很大的影响，更与工程成本和工程效益有着密切的关系，因此，要严格控制技术标文件的编制内容、标准和深度，提高技术标文件的编制质量。

附 录

附录 A　EPC 项目方案设计审批流程图

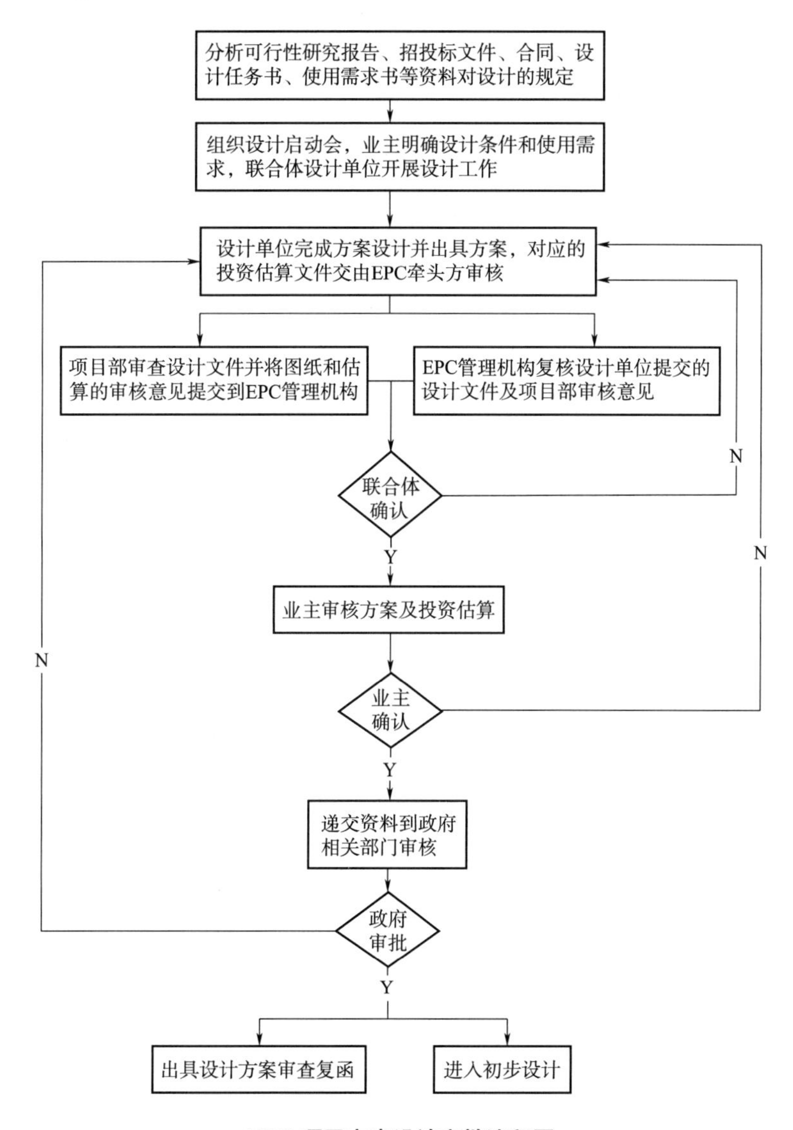

分析可行性研究报告、招投标文件、合同、设计任务书、使用需求书等资料对设计的规定
组织设计启动会，业主明确设计条件和使用需求，联合体设计单位开展设计工作
设计单位完成方案设计并出具方案，对应的投资估算文件交由EPC牵头方审核
项目部审查设计文件并将图纸和估算的审核意见提交到EPC管理机构
EPC管理机构复核设计单位提交的设计文件及项目部审核意见
联合体确认
N
Y
业主审核方案及投资估算
业主确认
N
Y
递交资料到政府相关部门审核
政府审批
N
Y
出具设计方案审查复函
进入初步设计

EPC 项目方案设计审批流程图

附录 B　EPC 项目初步设计审批流程图

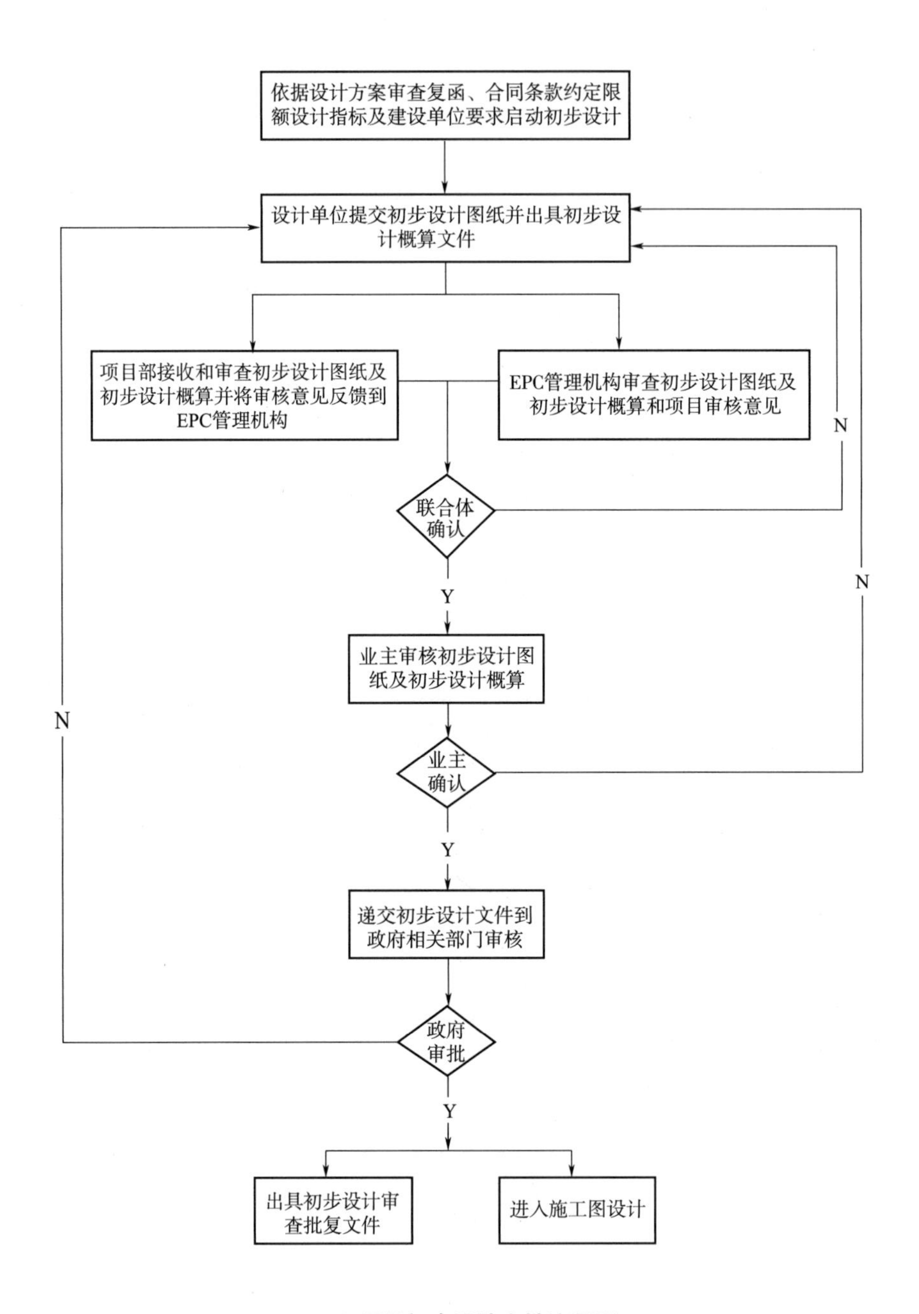

EPC 项目初步设计审批流程图

附录C EPC项目施工图设计审批流程图

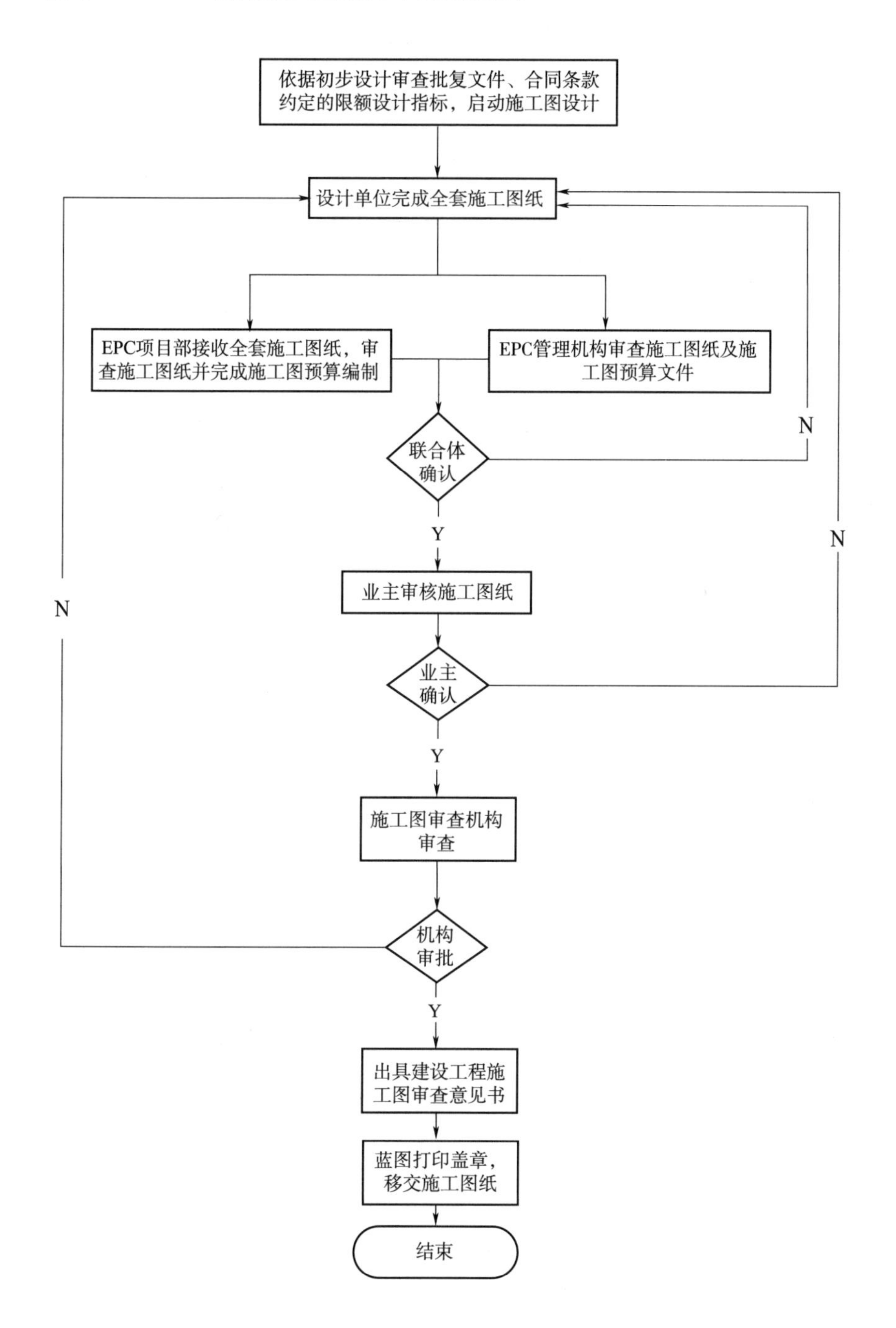

EPC项目施工图设计审批流程图

附录 D　设计文件审查意见表

设计文件审查意见表

第　页／共　页

<table>
<tr><td>项目名称</td><td colspan="3"></td><td>设计单位</td><td></td></tr>
<tr><td>子项名称</td><td></td><td>专业名称</td><td></td><td>设计阶段</td><td></td></tr>
<tr><td colspan="5">检　审　意　见</td><td>设计者处理意见</td></tr>
<tr><td colspan="5"></td><td>设计人／日期：
工程负责人／日期：</td></tr>
<tr><td>检审意见
处理确认</td><td colspan="5">检审人／日期：</td></tr>
</table>

注：1. 工程设计的高阶段文字和图纸成果、施工图纸、设计计算书均采用本表填写检审意见。

2. 本表由检审人分别按文件或图纸填写并签署（含日期），由工程专业负责人保存归档。

3. 不能用铅笔记录，检审意见应明确、具体，分条表述，能提出修改、补救意见更好。

4. 检审意见应分别按图纸由设计者处理并签署（含日期），工程负责人初步确认签字，检审人最终确认签字。

附录 E　EPC 项目不同专业设计阶段工作分解

EPC 项目不同专业设计阶段工作分解

阶段划分			
专业	**方案设计阶段**	**初步设计阶段**	**施工图设计阶段**
建筑	总体规划、功能分区、平面组合、空间布置、建筑造型	从设计手法、建筑技术、材料选用、获得合理的经济效益等方面采取措施，进一步细化和落实建筑方案所采用的技术方案的可行性	审查设计文件对规范、规定、标准选用的正确性，构造、节点、材料、详图选择的合理性
结构	确定建筑的结构形式	对结构方案进行深化，进行结构方案的比选（综合考虑结构安全、工程造价、工期等要素），确定主要技术参数、结构材料，对地下室设计方案进行论证，对抗震设计进行评价	审查结构设计的平面图与建筑设计平面图的主要尺寸是否一致；结构图的标高与建筑图的标高是否协调一致；结构设计的抗震构造措施是否得当，构造节点详图是否齐全；钢筋混凝土构件的配筋是否合理；与其他专业有关的主要留洞、预埋件、设备基础预留钢筋等是否表示完全
机电	明确供电负荷容量，确定变配电设备的构成	明确用电负荷容量，控制变压器安装容量，变配电设备构成；变配电设备的组成、分布及设置位置、配电方式、消防电源系统及电气安装措施	审查供配电设备的配置，消防电源系统及电气安全措施的实施、检查，电气管线与其他管线的综合情况
给水排水	计算用水量	计算水量；供水方案中应考虑中水供应，水处理、系统管网、中水处理站房的换气、中水水质等都应符合规范	各种水的水量、水压计算，管径、设备计算、选型，构筑物计算的方法、过程、结果必须正确，系统、设备、构筑物的调试、运行参数应交代清楚

续表

阶段划分			
专业	方案设计阶段	初步设计阶段	施工图设计阶段
暖通	1. 确定热源供给方式及参数； 2. 一般通风系统及防排烟系统的确定； 3. 确定热力入口位置及入口数量	1. 确认室内空气设计参数； 2. 采暖系统确定； 3. 通风系统确认； 4. 防排烟系统	审核水量和水管、风管管径的计算及相关设备选型、过程、结果是否正确；水管、风管及相关设备的位置标高，支吊架、保温、绝热保温等表示方式和选用正确
景观	1. 总平面效果图、分析图、分区平面图、总体鸟瞰效果图、重要节点透视效果图； 2. 总体竖向设计图，包括各主要剖面图、立面图； 3. 总体植物效果方案，绿化分析图	1. 总平面优化，确定最终总平面布置图； 2. 竖向设计深化图； 3. 典型植物空间配置及苗木种类	1. 景观土建专业施工图； 2. 景观水电专业施工图； 3. 总平面布置图
精装修	1. 平面图布置图（含平面功能、墙体放线尺寸、家具布置）； 2. 风格图片板（代表设计走向及设计风格）； 3. 重要空间节点草图及效果图； 4. 重点表现的材料样板	1. 天棚布置图； 2. 平面布置图（平面功能布置、墙体放线尺寸）； 3. 地面物料及铺装图； 4. 门窗图节点大样； 5. 重要空间表现图及效果图； 6. 主要材料样板	1. 装饰施工图（平面图、立面图、大样图）； 2. 配套资料（施工说明、物料表、物料样板）； 3. 装饰配套系统图（强弱电设计图、系统图，给水排水设计图、系统图，管线综合布置图）

附录F 设计管理事务清单

设计管理事务清单

序号	里程碑事件	事务清单	主责单位	总部审核部门	总部审批领导	输出成果
一	设计准备阶段	1. 合同条件分析	项目部	EPC 管理机构、经济管理部	EPC 管理机构分管领导、总经济师、总经理	分析报告
		2. 使用需求及设计任务书分析	项目部	EPC 管理机构、经济管理部	EPC 管理机构分管领导、总经济师、总经理	分析报告
		3. 编制 EPC 工程项目设计进度计划	项目部	EPC 管理机构、工程管理部、技术质量部	EPC 管理机构分管领导、总工程师、工程管理部分管领导	设计进度计划表
二	方案设计阶段	1. 规划总图及建筑单体方案设计	项目部	EPC 管理机构、技术质量部	EPC 管理机构分管领导、总工程师	审查意见表
		2. 地下室方案比选	项目部	EPC 管理机构、技术质量部、经济管理部	EPC 管理机构分管领导、总经济师、总工程师	方案比选表
		3. 基坑支护方案比选	项目部	EPC 管理机构、技术质量部、经济管理部	EPC 管理机构分管领导、总经济师、总工程师	方案比选表
三	初步设计阶段	1. 工程勘察（详勘）	项目部	EPC 管理机构、技术质量部	EPC 管理机构分管领导、总工程师	审查意见表
		2. 桩基础方案比选	项目部	EPC 管理机构、技术质量部、经济管理部	EPC 管理机构分管领导、总经济师、总工程师	方案比选表
		3. 土建初步设计图	项目部	EPC 管理机构、技术质量部	EPC 管理机构分管领导、总工程师	方案比选表
		4. 景观方案设计	项目部	EPC 管理机构、技术质量部	EPC 管理机构分管领导、总工程师	方案比选表
		5. 装修方案设计	项目部	EPC 管理机构、技术质量部	EPC 管理机构分管领导、总工程师	方案比选表

续表

序号	里程碑事件	事务清单	主责单位	总部审核部门	总部审批领导	输出成果
三	初步设计阶段	6. 专项设计方案	项目部	EPC 管理机构、技术质量部	EPC 管理机构分管领导、总工程师	方案比选表
四	施工图设计阶段	1. 土建施工图审查及优化	项目部	EPC 管理机构、技术质量部、经济管理部	EPC 管理机构分管领导、总经济师、总工程师	审查意见表
		2. 景观施工图审查及优化	项目部	EPC 管理机构、技术质量部、经济管理部	EPC 管理机构分管领导、总经济师、总工程师	审查意见表
		3. 精装修施工图审查及优化	项目部	EPC 管理机构、技术质量部、经济管理部	EPC 管理机构分管领导、总经济师、总工程师	审查意见表
		4. 专项设计施工图审查及优化	项目部	EPC 管理机构、技术质量部、经济管理部	EPC 管理机构分管领导、总经济师、总工程师	审查意见表

附录G 方案比选表

方案比选表

工程名称： 编制时间：

方案类型	评选指标				
	方案说明	施工难易程度	安全风险	工程成本	备注
原方案					
比选方案1					
比选方案2					
比选方案3					
……					
比选方案n					
综合评价说明					
参会人员会签					

说明：1. 评选指标不限于施工难易程度、安全风险、工程成本，还应对材料和设备的采购周期、价格等进行分析。
2. 综合评价说明是在综合对比分析之后选出的最佳的方案，作为方案比选的结论。
3. 施工难易程度按照“难”“较难”“易”填写，安全风险按照“高”“中”“低”填写，工程成本按照“高”“中”“低”填写。

附录 I　投资估算表

投资估算表

工程名称：　　　　　　　　　　　　　　　　　　　　　　　　编制时间：

序号	名称	建筑工程费 / 万元	安装工程费 / 万元	设备及工器具购置费 / 万元	合计 / 万元	技术经济指标			占总投资比例 /%
						单位	工程量	单位指标 / （元/单位）	
第一部分　建筑安装工程费用									
一	地下室工程								
1	基坑支护								
2	土方工程								
3	桩基础工程								
4	土建工程								
5	装饰工程								
6	安装工程								
6.1	电气工程								
6.2	给排水工程								
6.3	消防工程								

续表

序号	名称	建筑工程费 / 万元	安装工程费 / 万元	设备及工器具购置费 / 万元	合计 / 万元	技术经济指标			占总投资比例 /%
						单位	工程量	单位指标 /（元 / 单位）	
6.4	通风空调工程								
6.5	人防设备								
6.6	弱电工程								
6.7	充电桩工程								
二	地上工程（住宅）								
1	结构工程								
2	装饰装修工程								
3	安装工程								
3.1	电气工程								
3.2	给排水工程								
3.3	消防工程								
3.4	通风空调工程								
3.5	弱电工程								
3.6	电梯工程								

续表

序号	名称	建筑工程费/万元	安装工程费/万元	设备及工器具购置费/万元	合计/万元	技术经济指标			占总投资比例/%
						单位	工程量	单位指标/（元/单位）	
3.7	燃气工程								
三	配套工程（商业）								
1	结构工程								
2	装饰装修工程								
3	安装工程								
3.1	电气工程								
3.2	给排水工程								
3.3	消防工程								
3.4	通风空调工程								
3.5	弱电工程								
3.6	电梯工程								
四	室外工程								
1	景观绿化工程								
2	道路及广场工程								

续表

序号	名称	建筑工程费/万元	安装工程费/万元	设备及工器具购置费/万元	合计/万元	技术经济指标			占总投资比例/%
						单位	工程量	单位指标/（元/单位）	
3	安装工程								
3.1	室外电气工程								
3.2	室外给排水消防工程								
3.3	标识系统工程								
3.4	泛光照明								
4	市政管线接入工程								
4.1	给排水管线接入								
4.2	供电线路接入								
4.3	通信管线接入								
第二部分　工程建设其他费用									
1	建设用地费用								
2	建设管理费								
3	建设项目前期工作咨询费								
4	工程勘察费								

续表

序号	名称	建筑工程费 / 万元	安装工程费 / 万元	设备及工器具购置费 / 万元	合计 / 万元	技术经济指标			占总投资比例 /%
						单位	工程量	单位指标 /（元/单位）	
5	工程设计费								
6	设计咨询费								
7	招标代理服务费								
8	工程建设监理费								
9	环境影响咨询服务费								
10	全过程工程造价控制服务								
11	场地准备及临时设施费								
12	工程保险费								
13	检验检测费								
14	水土保持								
15	地质灾害危险性评价费								
16	周边建（构）筑物安全鉴定费								
17	测量测绘费								

续表

序号	名称	建筑工程费 / 万元	安装工程费 / 万元	设备及工器具购置费 / 万元	合计 / 万元	技术经济指标			占总投资比例 /%
						单位	工程量	单位指标 / （元/单位）	
18	基坑支护专项监测费								
19	规划放线及验收费								
20	BIM 技术应用费								
21	白蚁防治费								
第三部分　预备费									
1	基本预备费								
2	涨价预备费								
总　计									

说明：样表开项仅供参考，具体项目开项以实际情况为准。

附录 J　建设项目总概算表

建设项目总概算表

工程名称：　　　　　　　　　　　　　　　　　　　　　　编制时间：

序号	名称	建筑工程费 / 万元	安装工程费 / 万元	设备及工器具购置费 / 万元	合计 / 万元	技术经济指标			占总投资比例 /%
						单位	工程量	单位指标 /（元 / 单位）	
第一部分　建筑安装工程费用									
一	地下室工程								
1	基坑支护								
2	土方工程								
3	桩基础工程								
4	土建工程								
5	装饰工程								
6	安装工程								
6.1	电气工程								
6.2	给排水工程								
6.3	消防工程								
6.4	通风空调工程								

续表

序号	名称	建筑工程费 / 万元	安装工程费 / 万元	设备及工器具购置费 / 万元	合计 / 万元	技术经济指标			占总投资比例 /%
						单位	工程量	单位指标 /（元 / 单位）	
6.5	人防设备								
6.6	弱电工程								
6.7	充电桩工程								
二	地上工程（住宅）								
1	结构工程								
2	装饰装修工程								
3	安装工程								
3.1	电气工程								
3.2	给排水工程								
3.3	消防工程								
3.4	通风空调工程								
3.5	弱电工程								
3.6	电梯工程								
3.7	燃气工程								
三	配套工程（商业）								

续表

序号	名称	建筑工程费 / 万元	安装工程费 / 万元	设备及工器具购置费 / 万元	合计 / 万元	技术经济指标			占总投资比例 /%
						单位	工程量	单位指标 /（元 / 单位）	
1	结构工程								
2	装饰装修工程								
3	安装工程								
3.1	电气工程								
3.2	给排水工程								
3.3	消防工程								
3.4	通风空调工程								
3.5	弱电工程								
3.6	电梯工程								
四	室外工程								
1	景观绿化工程								
2	道路及广场工程								
3	安装工程								
3.1	室外电气工程								
3.2	室外给排水消防工程								

续表

序号	名称	建筑工程费/万元	安装工程费/万元	设备及工器具购置费/万元	合计/万元	技术经济指标			占总投资比例/%
						单位	工程量	单位指标/（元/单位）	
3.3	标识系统工程								
3.4	泛光照明								
4	市政管线接入工程								
4.1	给排水管线接入								
4.2	供电线路接入								
4.3	通信管线接入								
第二部分	工程建设其他费用								
第三部分	预备费								
1	基本预备费								
2	涨价预备费								
第四部分	建设投资合计								

说明：样表开项仅供参考，具体项目开项以实际情况为准。

附录 K　EPC 项目限额设计指标表

EPC 项目限额设计指标表

工程名称：　　　　　　　　　　　　　　　　　　　　　　编制时间：

序号	工程或费用名称	单位	工程量	投资估算		限额设计指标		设计概算		施工图预算		备注
				金额 / 万元	指标 /（元 / 单位）	金额 / 万元	指标 /（元 / 单位）	金额 / 万元	指标 /（元 / 单位）	金额 / 万元	指标 /（元 / 单位）	
第一部分　建筑安装工程费用												
一	地下室工程											
1	基坑支护											
2	土方工程											
3	桩基础工程											
4	土建工程											
5	装饰工程											
6	安装工程											
6.1	电气工程											
6.2	给排水工程											
6.3	消防工程											
6.4	通风空调工程											

续表

序号	工程或费用名称	单位	工程量	投资估算		限额设计指标		设计概算		施工图预算		备注
				金额 / 万元	指标 / (元 / 单位)	金额 / 万元	指标 / (元 / 单位)	金额 / 万元	指标 / (元 / 单位)	金额 / 万元	指标 / (元 / 单位)	
6.5	人防设备											
6.6	弱电工程											
6.7	充电桩工程											
二	地上工程(住宅)											
1	结构工程											
2	装饰装修工程											
3	安装工程											
3.1	电气工程											
3.2	给排水工程											
3.3	消防工程											
3.4	通风空调工程											
3.5	弱电工程											
3.6	电梯工程											
3.7	燃气工程											

续表

序号	工程或费用名称	单位	工程量	投资估算		限额设计指标		设计概算		施工图预算		备注
				金额 / 万元	指标 / （元 / 单位）	金额 / 万元	指标 / （元 / 单位）	金额 / 万元	指标 / （元 / 单位）	金额 / 万元	指标 / （元 / 单位）	
三	配套工程（商业）											
1	结构工程											
2	装饰装修工程											
3	安装工程											
3.1	电气工程											
3.2	给排水工程											
3.3	消防工程											
3.4	通风空调工程											
3.5	弱电工程											
3.6	电梯工程											
四	室外工程											
1	景观绿化工程											
2	道路及广场工程											
3	安装工程											

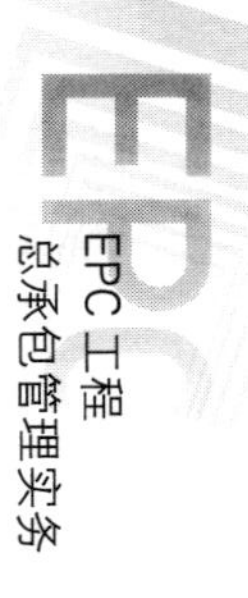

续表

序号	工程或费用名称	单位	工程量	投资估算		限额设计指标		设计概算		施工图预算		备注
				金额 / 万元	指标 / （元 / 单位）	金额 / 万元	指标 / （元 / 单位）	金额 / 万元	指标 / （元 / 单位）	金额 / 万元	指标 / （元 / 单位）	
3.1	室外电气工程											
3.2	室外给排水消防工程											
3.3	标识系统工程											
3.4	泛光照明											
4	市政管线接入工程											
4.1	给排水管线接入											
4.2	供电线路接入											
4.3	通信管线接入											
第二部分　工程建设其他费用												
第三部分　预备费												
1	基本预备费											
2	涨价预备费											
第四部分　建设总投资												

说明：样表开项仅供参考，具体项目开项以实际情况为准。

附录L　造价管理流程图

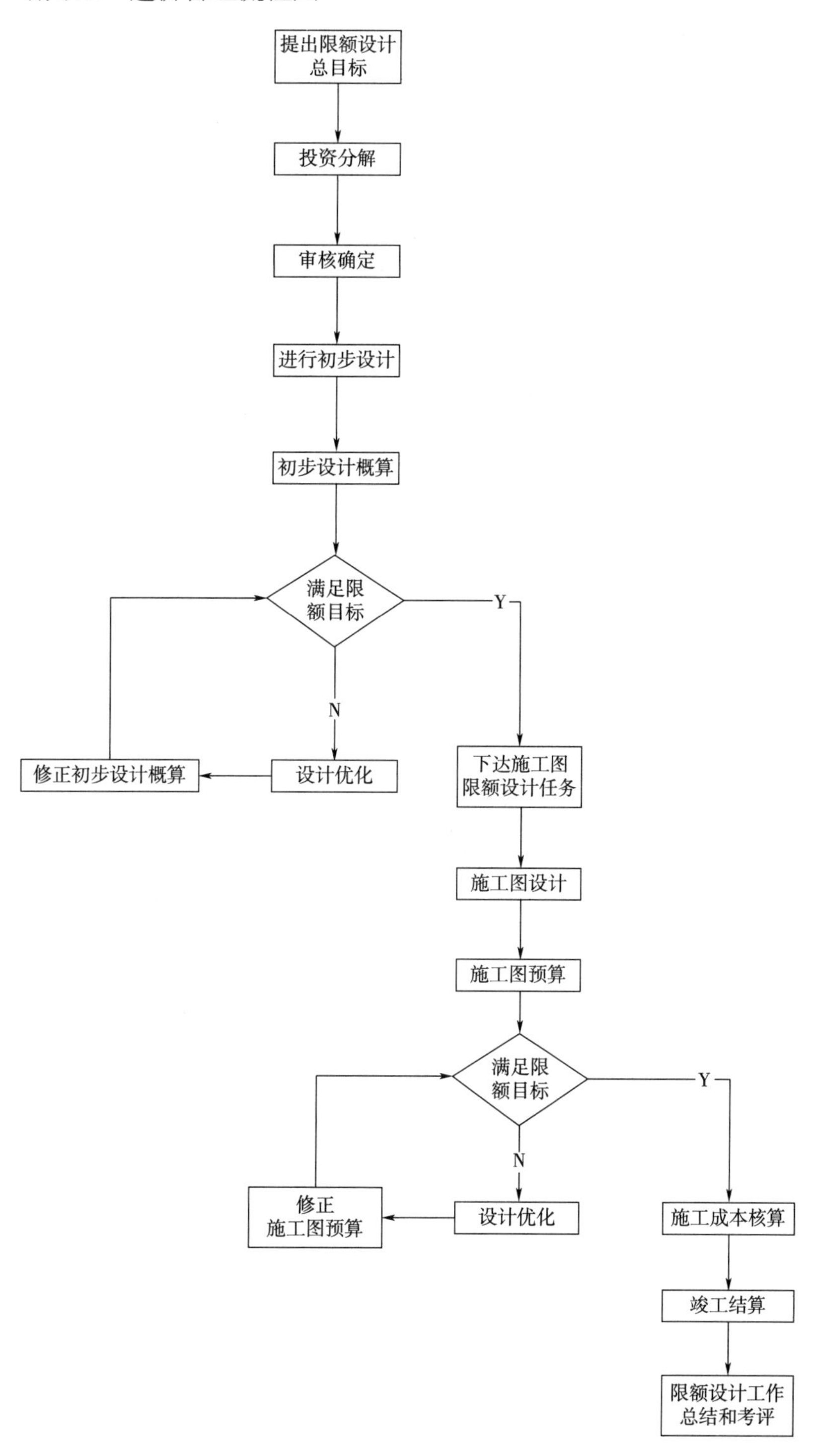

造价管理流程图

附录 N　社会投资类工程建设项目审批服务流程图（一般项目）

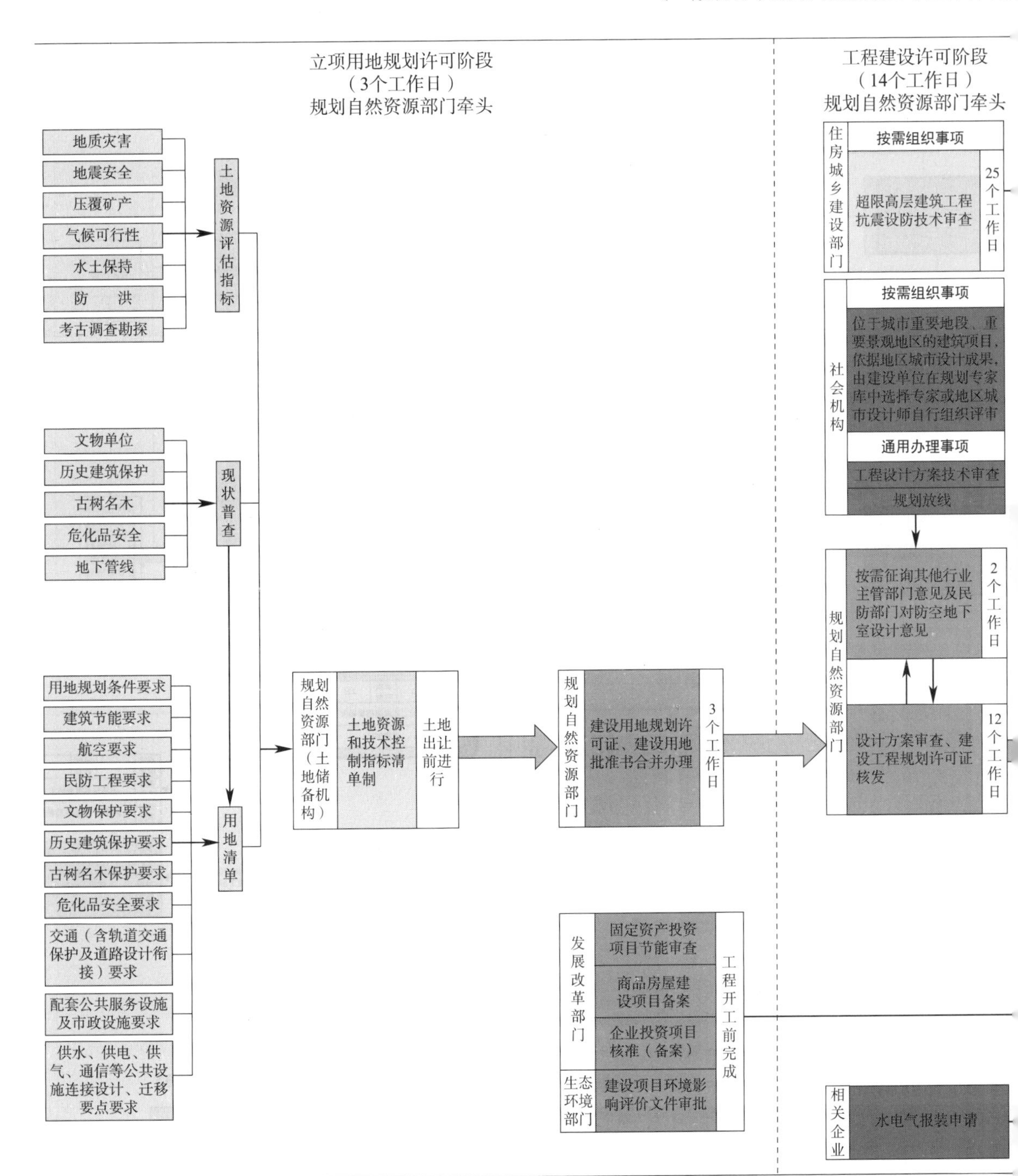

备注:

1.流程图时间只统计政府部门审批时间和政府部门组织、委托或购买服务的技术审查时间，施工图设计文件审查控制在15个工作日以内，超限高层建筑
内，法定公示时间、建设单位自行组织技术审查、材料准备时间不计入用时。

2.建设单位在工程开工前，自行完成固定资产投资项目节能审查、商品房屋建设项目备案、企业投资项目核准（备案）、建设项目环境影响评价文件审
报装申请可在工程建设许可阶段办理，设施建设、接入等事宜与审批流程并行同步推进。

3.建设用地规划许可证和批准书合并办理方式适用于公开出让类和协议出让类项目，不包括划拨类、更新改造类项目。

设项目审批服务流程图

J、政府技术审查时间控制在40个工作日以内）

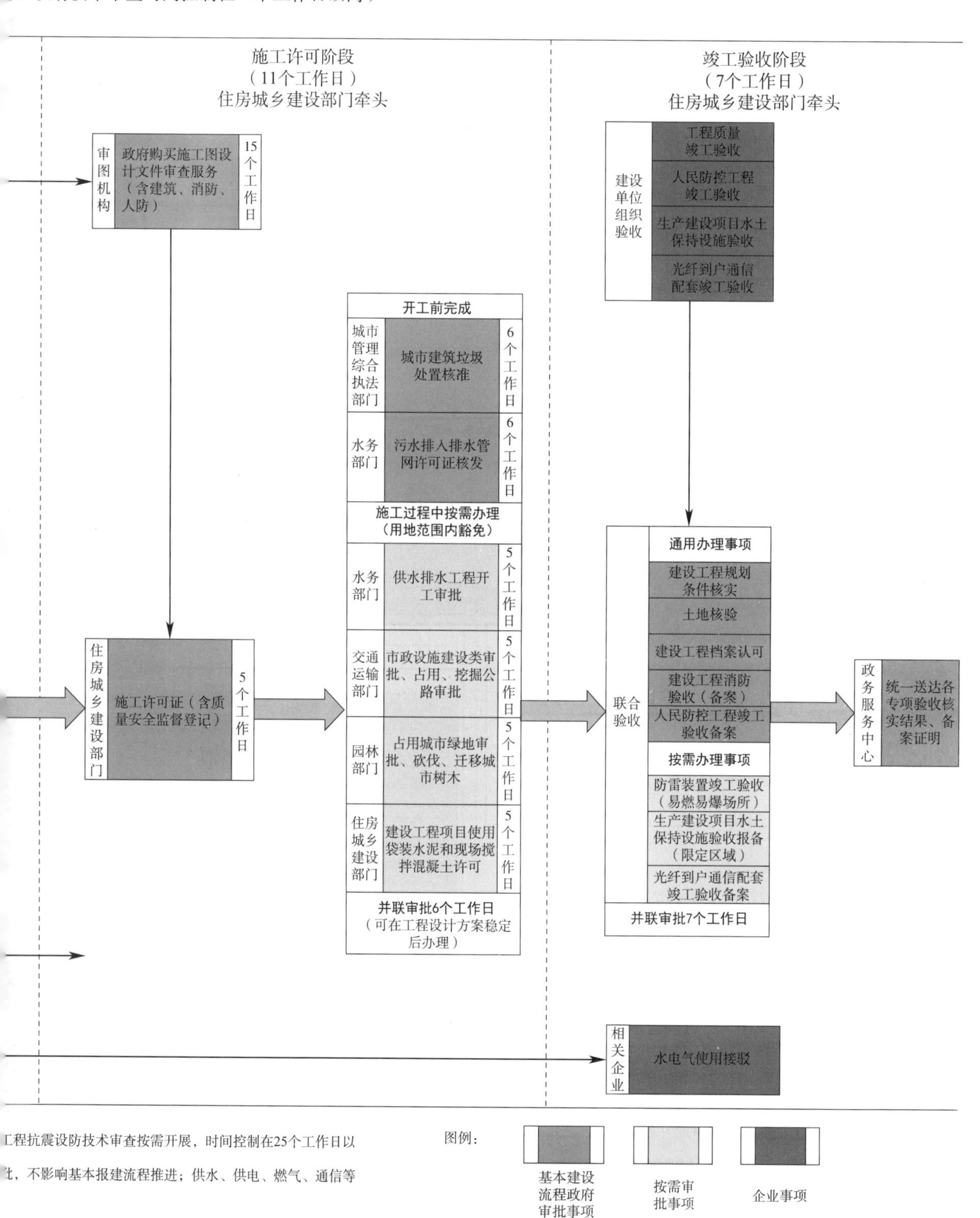

工程抗震设防技术审查按需开展，时间控制在25个工作日以

比，不影响基本报建流程推进；供水、供电、燃气、通信等

附录P 社会投资类工程审批流程图（带方案出让用地的产业区块范围内工业项目）

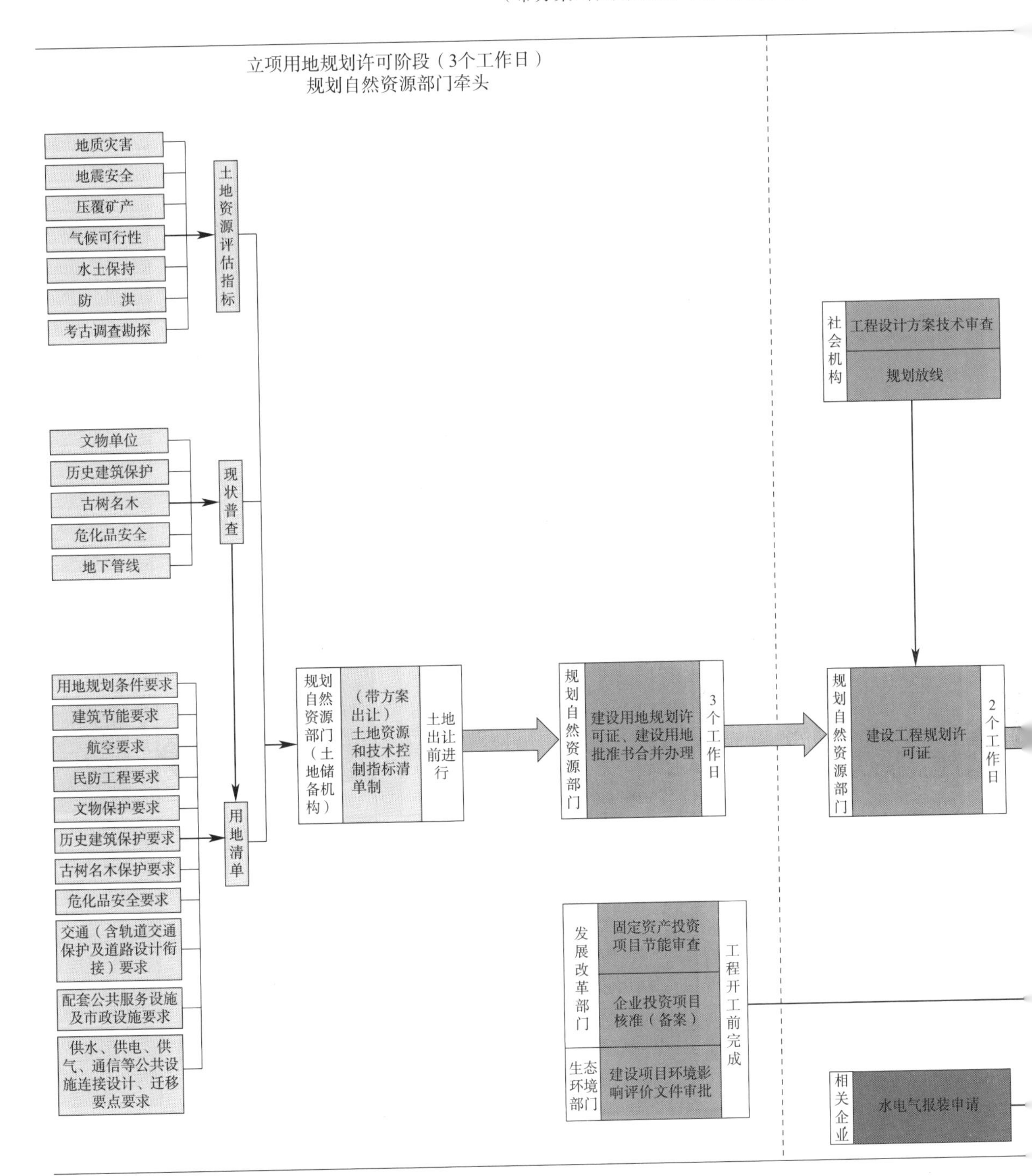

备注：

1.流程图时间只统计政府部门审批时间和政府部门组织、委托或购买服务的技术审查时间，施工图设计文件审查控制在15个工作日以内，法定公示时间、

2.建设单位在工程开工前，自行完成固定资产投资项目节能审查、企业投资项目核准（备案）、建设项目环境影响评价文件审批、不影响基本报建流程推

许可阶段办理，设施建设、接入等事宜与审批流程并行同步推进。

3.建设用地规划许可证和批准书合并办理方式适用于公开出让类和协议出让类项目，不包括划拨类、更新改造类项目。

程审批流程图

21个工作日以内、政府技术审查时间控制在15个工作日以内）

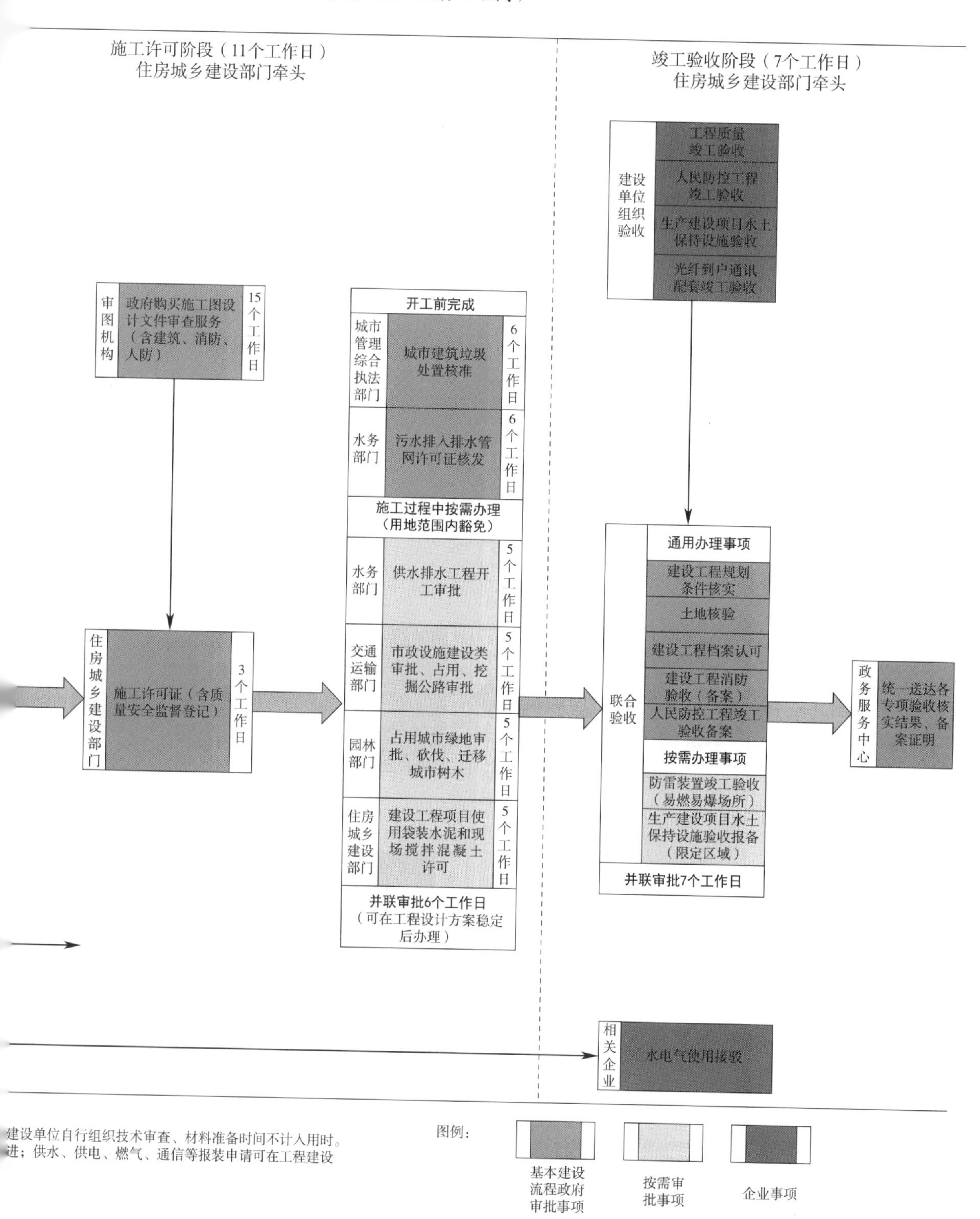

建设单位自行组织技术审查、材料准备时间不计入用时。
进；供水、供电、燃气、通信等报装申请可在工程建设

参考文献

［1］ 邢雪雯 . 我国 EPC 总承包管理模式发展影响因素分析研究［D］. 衡阳：南华大学，2020.

［2］ 吴松岩 .EPC 工程总承包项目风险分析［D］. 邯郸：河北工程大学，2010.

［3］ 吴银福 .EPC 总承包模式下的工程项目管理［J］. 建筑工程技术与设计，2018（11）：3151.

［4］ 宋红丽 . 城市基础设施建设工程总承包实践总结［J］. 市政设施管理，2021（1）：41-43.

［5］ 吴宇辉 .EPC 工程总承包的项目管理［D］. 成都：西南交通大学，2016.

［6］ 吕彦朋 . 我国 EPC 工程总承包存在的问题与对策研究［D］. 北京：中国铁道科学研究院，2019.

［7］ SABITU OYE GOKE A.UK and US construction management contracting procedures and practices: a comparative study［J］. Engineering, construction and architectural management, 2001，8（5/6）：403-417.

［8］ BESNER C, HOBBS B. The paradox of risk management; a project management pract ice perspective［J］. International journal of managing projects in business, 2012，5(2)：230-247.

［9］ 汪世宏，陈勇强 . 国际工程咨询设计与总承包企业管理［M］. 北京：中国建筑工业出版社，2010.

［10］ 雒倩倩 . 我国推行 EPC 总承包模式的制约因素分析及对策研究［D］. 兰州：兰州理工大学，2021.

［11］ 易飞，刘晓丰，史相斌，等. EPC 原理与实践［M］. 北京: 电子工业出版社，2014.

［12］ 初绍武 .EPC 工程总承包项目管理研究［D］. 南昌：南昌大学，2016.

［13］ 周旦平 . EPC 模式在中国适用的法律问题思考探索［J］. 建筑经济，2013(8)：73-75.

［14］ 乔俊杰 . 我国 EPC 总承包模式发展历程及困境与对策［J］. 中国招标，2021（10）：52-56.

［15］ 杨爱东 . 基于 FIDIC 合同条件探讨 EPC 总承包模式在我国民用建筑工程中的适用性［J］. 建设监理，2019（9）：40-44.

［16］ 陈诚，陈航，冯宝科 . 浅析 DB 模式与 EPC 模式的异同［J］. 公路交通科技（应用技术版），2020，16（5）：61-63.

［17］ 李晖 .EPC 项目管理模式适用类型及合同价款的合理确定［J］. 管理观察，2014（9）：20-22.

［18］ 张萌 . 国际工程承包 F+EPC 模式研究与应用［D］. 杭州：浙江大学，2019.

［19］ 刘彬彬，王文国，曹景 . 设计企业作为 EPC 项目主导的优劣势分析［J］. 天津建设科技，2022，32（1）：77-80.

［20］ 彭桂平，戴彤，方锦标，等 . 工程总承包合同计价模式研究［J］. 建筑经济，2021，42（5）：21-24.

［21］ 周子璐 . 施工单位牵头 EPC 项目的设计管理［J］. 施工企业管理，2021（11）：52-54.

［22］ 张宋 ．“十三五”勘察设计行业工程总承包发展回顾与展望［J］. 中国勘察设计，2020（12）：41-45.

［23］ 江黎，侯策源，唐明杰，等 . 工程 EPC（工程总承包）模式下安置房项目的代建管理浅析［J］. 装饰装修天地，2021（4）：22-23.

［24］ 曲超赢 . 建筑设计阶段工程造价成本控制对策研究［J］. 装饰装修天地，2018（12）：224.

后记

经过近两年的艰辛付出，《EPC 工程总承包管理实务》一书终于与读者见面了，回首写作过程，深感这是一次既富有挑战又充满收获的旅程。

随着全球经济的深入发展和技术的不断进步，EPC 模式因其高效、集成、协同的特性，越来越受到业界的青睐。但与此同时，EPC 模式也带来了更为复杂的管理挑战，需要从业者具备更高的综合素质和专业技能。

本书在编写过程中力求将理论与实践相结合，通过大量的案例分析，深入剖析 EPC 工程总承包的各个关键环节，希望能为读者提供一部既有深度又有广度的参考书。从工程风险防控、策划管理、设计管控、造价管理到报批报建等，每一个章节都凝聚了我和团队的心血与智慧。当然，本书不尽完美。因此，真诚地希望广大读者能够对本书提出宝贵的意见和建议。

本书在成稿过程中，得到中铁建设集团有限公司各部门的大力支持，尤其是中铁建设集团南方工程有限公司投入大量人力，他们的专业精神和辛勤付出，为本书的顺利出版提供了有力的保障，在此一并表示感谢。

未来，我坚信 EPC 模式将在更多的工程项目中得到应用和推广，成为推动经济社会发展的重要力量。作为从业者，我将继续致力于 EPC 工程总承包管理的研究和实践，为行业的进步贡献自己的力量。

编者

2024 年 4 月